$99

育兒新手
圖解湊B逐步講

U0130472

荷花出版

育兒新手圖解湊B逐步講

出版人：尤金

編務總監：林澄江

設計：周傑華

出版發行：荷花出版有限公司

電話：2811 4522

排版製作：荷花集團製作部

印刷：新世紀印刷實業有限公司

版次：2023年12月初版

定價：HK$99

國際書號：ISBN_978-988-8506-90-3

© 2023 EUGENE INTERNATIONAL LTD.

荷花出版
EUGENEGROUP

香港鰂魚涌華蘭路20號華蘭中心1902-04室
電話：2811 4522　圖文傳真：2565 0258
網址：www.eugenegroup.com.hk
電子郵件：admin@eugenegroup.com.hk

疼愛但不溺愛

　　以前，形容孩子嬌生慣養，缺乏自理能力的被稱有「公主病」、「王子病」。十多年前，更有「港孩」這個名詞來形容他們，究竟這些「港孩」有甚麼問題？又有何方法改善呢？

　　被稱為「港孩」的兒童，一般都患有「三低」徵狀：即自理能力低、EQ低、AQ低。為何會出現這些徵狀？皆因父母把子女視為「金叵羅」般溺愛，加上事事有傭人照顧，衣來張手、飯來張口，一些基本的生活日常，也有傭人代勞，致令穿衣、綁鞋帶也不懂，遑論炆蛋煎蛋、洗米煮飯等，更不知從何入手！

　　本港幾年前曾有調查發現，升小一的孩子竟然大便後不懂自理。該調查訪問了300多名育有4至8歲小孩的家長，研究指出，有六成五升小一港孩大便後清潔，內褲留有大便及尿漬，四成大便後更不懂得自行清潔。

　　「港孩」除了自理能力低外，EQ也低，皆因環繞他周邊的家人，都視他如王子公主，服侍周到，千依百順，孩子已習慣皇帝式的享受，若他稍遇不如意的事，或別人不順從他意，他的情緒便會大受影響。另外，「港孩」AQ也低，由於他凡事有人代勞，不用自己操心，當他一旦遇上難題，需要自己應付，便不懂處理，只因他的抗逆力低，缺乏解難能力，致令事情失敗告終。

　　「港孩」問題，自從此詞興起開始，十多年來只有寸進改善，或許現今父母意識到孩子雖然要疼愛，但不要溺愛的道理；又或者父母都明白，除了孩子學業成績外，培育孩子的全人發展，包括自信心、品格等，也是健康成長的重要部份。

　　本社出版的書籍，都是希望能緊貼父母的需要，正如本書，一半內容正是針對孩子的自理能力，這部份共有40個提升孩子自理能力的項目，例如教孩子穿衣着褲綁鞋帶等，讓父母按步驟教導孩子學習。另外一半內容是育兒技巧，這裏約有20多篇文章，從不同角度教新手爸媽如何照顧寶寶，全部皆以步驟圖表達。

　　這本書以大量圖片、輔以少量文字為出版特色，對於不想花太多時間閱讀的讀者，應是不二之選！

目 錄

Part 1 幼兒學自理

我要學識自己包書 10

我可以自己淋花 12

我自己去超市買嘢 14

我學識用洗衣機洗衫 16

我學識消毒鞋底 20

我要學用酒精搓手液 22

我學識正確戴口罩 26

我識收納口罩 28

我可以自己丟口罩 30

我要自己搽lotion 32

我想自己洗面 34

我要自己洗頭 36

我可以自己吹頭髮 38

我可以自己用牙線 40

我要學識戴皮帶 42

我要自己換床單 44

我可以幫手倒垃圾 46

我要自己洗毛巾 48

我學識自己沖飲品 50

我自己焫蛋好好食 52

我要學整小飯糰 54

我要自己切水果 56

我可以幫手開飯 58

我要學識沖茶飲 60

我要做麥皮早餐 62

我可以自己整啫喱 64

我要學入枕頭套 66

我要學識掛衫 68

1至2歲可學穿褲子 70

夏天至初秋最啱學着衫 76

2歲開始準備學扣鈕 80

學着襪除襪用小膠圈訓練 84

用帆船鞋練習穿鞋除鞋 88

學綁鞋帶令小手更靈活 92

1歲半開始可以學執拾 96

2歲開始學執書包 100

趁識抓握歲半學刷牙 104

小手有力可學握筷子 108

配合自我餵食歲半學洗手 112

2歲學習進食好時機 116

Similac

踢走病菌!

先天
守護腸道*

後天
擊退病菌*

專研自生免疫組合*

Similac 雅培心美力

4

UPGRADED
FORMULA

5 HMO
Human Milk Oligosaccharides

Non-GMO
非基因改造

No Added Sucrose
不添加蔗糖

No Palm Olein
不含棕櫚油

Unique formula helps strengthen immunity
獨特配方有助強化免疫力

雅培心美力
自生免疫力

Abbott
雅培

e L. Glycobiology. 2012;22(9):1147-1162. Goehring, Karen C et al. "Similar to Those Who Are Breastfed, Infants Fed a Formula Containing 2'-Fucosyllactose Have Lower Inflammatory Cytokines in a Randomized trolled Trial." The Journal of nutrition vol. 146,12 (2016): 2559-2566.
促進抗體產生、免疫細胞成熟及減少偶發性腹瀉。Pickering LK et al., Pediatrics. 1998;101:242-9. Merolla R et al., Minerva Pediatr. 2000;52:699-711. Yau K et al., J Pediatr Gastroenterol Nutr. 2003;36:37-43.
方含 5HMO (180mg/100ml) + NTS (nucleotides, 3.0mg/100ml) + BB-12® [是 Chr. Hansen 的商標及全球最多科學實證的雙歧桿菌]。Jungersen, Mikkel et al. "The Science behind the Probiotic Strain Bifidobacterium
malis subsp. lactis BB-12®." Microorganisms vol. 2,2 92-110. 28 Mar. 2014. P23-COM-T-109

Part 2 育兒統統識

令BB肚臍乾乾淨淨 122

替B洗口及臉部按摩 128

冬天洗白白兼做按摩 132

手、背部按摩助舒適入睡 136

「I Love U」腹部按摩 132

足底按摩助消化易入睡 140

洗臉按摩一take過 148

兩刀加一磨指甲剪乾淨 152

替BB洗頭兼去頭泥 156

着衫前後準備步驟多 160

換片技巧新手爸媽必學 164

一張包被包出溫暖 168

洗奶樽準備3個刷 172

沖奶步驟不容有失 176

奶樽餵奶新手齊齊學 180

有4種母乳餵哺姿勢 184

掃清肚風瞓一個好覺 188

針筒VS匙羹替初生B餵藥 192

BLW逐步來要識急救法 196

0至4歲最易被燙傷 200

慎防夾傷嚴重會斷肢 204

整爛食物防幼童鯁喉 208

幼兒觸電盡快斷電源 212

誤飲清潔劑嚴重會失知覺 216

慎防猝死BB瞓覺有5不 220

鳴謝以下專家為本書提供資料

張家龍 / 一級註冊職業治療師

鄭蕭 / 一級註冊職業治療師

呂蔚昕 / 一級註冊職業治療師

張嘉宜 / 職業治療師

馮依琳 / 職業治療師

趙詠桐 / 兒童行為分析治療師

黃文儀 / 英國認證遊戲治療師

陳香君 / 註冊社工

關思穎 / 註冊社工

梁翠迎 / 註冊社工

凌婉君 / 註冊社工

張傑 / 兒科專科醫生

周栢明 / 兒科專科醫生

李卓漢 / 兒科專科醫生

蘇頌良 / 兒科專科醫生

陳厚毅 / 皮膚科專科醫生

馮建裕 / 牙周治療科專科醫生

李杏榆 / 註冊營養師

莊得英 / 資深陪月員

李燕 / 資深陪月員

周楚賢 / 資深陪月員

周采彥 / 資深陪月員

賴秀珍 / 資深陪月員

奇寶 / 資深陪月員

Tammy / 資深陪月員

梁惠子 / 星級陪月導師

黃佩蓮 / 基督教香港信義會祥華幼稚園校長

MeadJohnson® 美贊臣®
Nutrition

A⁺智睿®

No.1 醫護推薦支持
免疫力及
腦部發展^

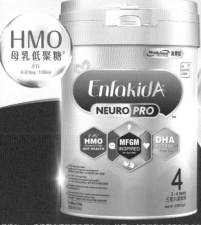

HMO
母乳低聚糖²
2'FL
0.03mg/100ml

MFGM
母乳黃金膜®¹
含100+
母乳活性蛋白*

Part 1

現今孩子不少為獨生子女，萬千寵愛在一身，
父母都疼愛有加，照顧周到，致令孩子自理能力降低。
本章有專家教路，從日常各方面教小朋友提升自理能力。
爸媽若不想孩子缺乏自我照顧能力，這章不能不讀。

我要學識
自己包書

資料提供：呂蔚昕 / 一級註冊職業治療師

為培養孩子獨立自理的能力，家長應從小讓他們做不同的任務。孩子升上小學，家長不妨讓他們學習自己包書，順便學習愛惜書本！

個案：

姓名：小嵐　　年齡：6歲

　　小嵐今年6歲，快要升讀小學，需要學習的科目會比幼稚園多，也會有很多課本。所以媽媽希望及早訓練小嵐懂得自己包書，培養責任感，但又擔心過程太複雜，小嵐應付不來。

鍛煉小手肌

　　包書是對孩子的手部肌肉及協調有一定要求的任務，職業治療師呂蔚昕表示，3至4歲的孩子已經可以開始學習包書，雖然坊間有些較方便的包書套，但她還是建議家長用最原始的包書方法。初學的孩子未能自己完成所有步驟，要靠家長做足準備工夫，以及從旁協助。

學包書 Step by Step

Step: 1

家長先向孩子展示包好的書，解釋包書的原因，灌輸愛惜物件的信息。

Step: 2

家長可與孩子一起量度包書膠所需的大小，孩子可用顏色筆做記號，由家長剪出來。

Step: 3

將包書膠攝入書皮前後固定好，然後在書脊下方位置剪一下，以便將底下突出的包書膠攝進去。

完成

在四邊黏貼膠紙固定，一本書便包好了。

TIPS: 家長要降低期望

1. 在孩子剛開始學習包書時，家長需要提供適當的協助，以免他們因感到困難而放棄。

2. 家長不要期望孩子能做得很完美，只要他們成功做到每個步驟，家長都可給予欣賞和讚許，令孩子有成功感。

我可以
自己淋花

資料提供：陳香君 / 資深註冊社工

　　如今很多家庭的孩子，都是獨生子女，倍受父母的寵愛，造成很多學前兒童從來沒有做過家務。可是，你知道嗎？原來讓孩子學習栽種，是會有意想不到的好處！以下由專家講解學習栽種的好處和要訣，讓孩子能成為栽種小達人。

個案：

姓名：小悠　　年齡：3歲

　　小悠今年3歲，媽媽不希望她成為「港孩」，做事只有三分鐘熱度，一遇到挫折便立刻放棄，想她能夠建立責任感。但礙於媽媽覺得孩子年紀尚小，未有足夠能力完成許多家務，所以在思前想後，便想讓她學習栽種植物，逐步建立其責任感。

淋花好處多

　　資深社工陳香君表示，小朋友學淋花有很多好處，首先可訓練小朋友的手眼協調，如控制花盆、水量等，同時能訓練他們的判斷能力。另外，小朋友在照料植物的過程中，可以學會愛護盆栽，將愛惜的心態延伸至其他人和物。同時，當小朋友可以每日看着植物開花結果，亦可感受着大自然萬物的變化，感受生命氣息，從中與植物建立依附關係，明白在生活中需要有付出，才會有收穫，讓生活有所依靠。最後，學淋花栽種是需要小朋友學習持之以恆，建立責任感。

學淋花 3 部曲

Step: 1

用手觸摸盆栽的泥土，感受泥土中的水份，評估是否需要淋水。

Step:2

將灑水壺盛載適量的水。

Step: 3

按下灑水壺的開關，將水灑在盆栽的泥土上，至泥土變得濕潤。

TIPS:
給予讚賞 建立責任感

1. 家長應為小朋友揀選合適的灑水器皿，讓他們有足夠能力去淋花，以增加其對淋花的興趣。
2. 家長需清晰地告訴孩子的角色為灌溉者，從而建立其責任感。
3. 當小朋友能夠堅持每日淋花，家長需給予適當讚賞，讓他們明白栽種的成果。

我自己
去超市買嘢！

資料提供：關思穎 / 註冊社工

　　為培養孩子的獨立自理能力，家長應從小讓他們自己完成不同的任務。到達高小階段，家長可讓孩子嘗試自行到超級市場購物，進一步培養他們的策劃及執行能力。以下由社工為家長教路，讓孩子能輕鬆掌握購物任務！

個案：

姓名：小悠　年齡：3歲

　　小悠今年3歲，媽媽不希望她成為「港孩」，做事只有三分鐘熱度，一遇到挫折便立刻放棄，想她能夠建立責任感。但礙於媽媽覺得孩子年紀尚小，未有足夠能力完成許多家務，所以在思前想後，便想讓她學習栽種植物，逐步建立其責任感。

高小可自行外出購物

　　註冊社工關思穎表示，9歲或以上的孩子才適合自己外出購物，因為高小是孩子建立自我能力的階段，更需要實踐的機會，並已對金錢運用及保管財物等概念有一定的理解。但家長需要注意，平時要多和孩子一起購物，指導他們買東西是怎樣的概念，為孩子自行外出購物做好準備。家長亦應選擇和孩子經常光顧的超級市場，作為孩子第一次自行購物的地點，會比較安全。

超市購物 Step by Step

Step: 1

在正式讓孩子自己到超市購物前，家長可先讓孩子充當小助手，記下貨品價錢，認識不同種類的貨品等。

Step: 2

家長要為孩子準備購物清單，讓小朋友跟着清單上的貨品購買。

Step: 3

家長需提醒孩子看清楚食品的到期日，以免購買了過期食品。

Step: 4

家長要讓孩子學會格價，並計算貨品價錢，以確保有足夠的金錢購買。

Step: 5

最後孩子需要結賬才可以完成購物，家長要提醒孩子，需檢查找錢數目是否正確，並好好保管金錢。

TIPS: 要求不要過於嚴苛

1. 孩子在購物過程中或會遺失金錢、買錯或買漏貨品，是正常表現，家長不應責怪孩子，而是要欣賞孩子在過程中的付出，並與他們一起進行檢討，尋找解決問題的方法，期望下次會做得更好。

2. 在購物時間上，家長的要求不要太過嚴苛，因為孩子對於可以自己一個人外出，通常會感到很興奮，在超市內左逛右逛，或耽誤了不少時間。所以家長要求的時間要合理，如是家長估算的時間多加 10 分鐘。

3. 家長應為孩子建立開心的購物經驗，如趁着學校旅行或聯歡會等，讓孩子到超市購買自己喜歡的食物或零食。家長也可讓孩子用購物剩下的金錢，購買自己喜歡的東西，或是存起來，作為鼓勵。

我學識
用洗衣機洗衫

資料提供：梁翠迎 / 註冊社工

孩子自小幫忙做家務，可以培養責任感；而到達小學階段，家長更可以提升任務的難度，如讓孩子學習使用洗衣機。以下由社工為家長教路，讓孩子能輕鬆掌握洗衣任務！

個案：

姓名：小逸　年齡：8 歲

　　8 歲的小逸已懂得晾衫和摺衫，媽媽認為他也可以開始學習操作洗衣機，幫忙洗衣服。但另一方面，媽媽又擔心小逸還沒有準備好，只顧着玩，會造成危險。

操作洗衣機
理解能力要足

　　註冊社工梁翠迎表示，三至四年級的孩子已開始「定性」，有足夠的認知和理解能力，清楚知道洗衣機是一台電器，而不是玩具，可以嘗試學習操作。在正式學習使用洗衣機前，家長可以讓孩子明白洗衣的概念，穿完的衣服要拿去洗，並請他們在衣服洗好後，幫忙晾衫。家長可將操作分拆成不同部份，並按孩子的能力，決定他們應該參與哪個步驟。

UPPAbaby於2006年誕生於美國波士頓，公司致力於高端嬰兒車，配件及嬰兒汽座之研發和全球銷售。因品牌卓越的品質和服務，其產品屢獲各國嬰童用品獎項並深受明星政要青睞，有"美國街車"之稱謂。

主要產品：
高景觀嬰兒車：VISTA/CRUZ
全地形慢跑車：RIDGE
輕便型嬰兒車：MINU/G-LUXE
嬰兒提籃：　　MESA

one for all
一輛車滿足你的所有需求

地址：旺角登打士街家樂坊16樓1623室　電話46367088

用洗衣機洗衫 Step by Step

Step: 1

讓孩子觀察家長作示範，使他們明白整個洗衣過程。

Step: 2

在洗衣服前，要先檢查衣物是否有污漬，能力較高的孩子更可學習閱讀衣物上的標籤，如衣物是否需要分開洗、底面反轉洗等。

Step: 3

打開洗衣機門，將已檢查好的衣物放進洗衣機內。

Step: 4

將洗衣機門關好後，量度所需的洗衣液或洗衣粉份量，放進指定位置內。

Step: 5

按開關掣，開始洗衣程序。

TIPS: 家長要有耐性

1. 在教導孩子使用洗衣機時，家長需注意安全，如確保孩子知道不能將頭塞進洗衣機裏。
2. 孩子在處理操作時，動作會比較慢，而且會因為好奇而提出各種問題，家長要耐心指導。
3. 家長需要按孩子能力，教導他們使用洗衣機的技巧，如孩子能力增加，可提升程序的複雜性。

我學識

消毒鞋底

資料提供：張傑 / 兒科專科醫生

面對疫情，大人小朋友都需要為防疫花費更多工夫，而消毒鞋底更成了不少人關注的步驟。家長讓孩子學會更多防疫技巧，不但可讓他們學懂保護自己，也能令父母更為放心。要教會孩子相關的防疫知識，家長可如何指導？

個案：

姓名：譚希藍　年齡：2歲

近月疫情反覆，許多家長都擔心小朋友的健康，希藍的爸爸媽媽也不例外。日常外出走過許多地方，希藍的鞋子上有非常多的細菌。為預防疫情，不少人都會在返家時消毒鞋底，譚太希望教會希藍自行消毒鞋底，好讓她可以更好的保護自己。

免受鞋底細菌感染

兒科專科醫生張傑表示，回家後需要清潔鞋底，主因是在步行期間，鞋底會沾了很多細菌和病毒。可能這些病菌本身存在地面上，或是透過受感染者本身的飛沫或排泄物所污染。因此，如果在消毒前脫下鞋子，在脫下的過程中，可能會污染了手部，便有機會受到相關感染。消毒鞋底對預防疫情有一定幫助，為防控疫情的其中一部份。鞋底上累積的病原體，基本上與日常生活經常接觸的沒有太大差別。張醫生表示，有入屋脫鞋的習慣動作，對防控疫情也有莫大幫助，只要加上好好清潔鞋底，在預防疫情上已相當足夠。

消毒鞋底 Step by Step

Step: 1

先由媽媽示範，如何消毒自己的鞋底。

Step: 2

與孩子一起於他們的鞋底上嘗試進行消毒。

Step: 3

讓孩子自行嘗試。

Step: 4

完成後，需要徹底清潔雙手。

TIPS: 小心污染手部

1. 前後洗手：在脫下及穿上鞋子時，手部可能沾染上鞋底的細菌及病毒，因此在接觸鞋子前後，都應該洗手。

2. 入屋脫鞋：步行期間，鞋底會累積許多細菌及病毒，除消毒鞋底以外，入屋脫鞋的動作亦相當重要。

3. 普通消毒液：消毒鞋底的時候，並不需要使用特定消毒液，只要利用一般常用的清潔液，便可達致良好的消毒效果。

4. 鞋底多細菌：地面上有許多病菌，可能為本身已在地上的，也可能是受到感染者的飛沫或排泄物污染，因此必須要消毒鞋底，但過程必須小心避免污染手部。

我要學用
酒精搓手液

資料提供：張傑 / 兒科專科醫生

為免病菌入侵，大家出外時除了要戴口罩，亦應帶備酒精搓手液或其他隨身消毒物品，以便在需要時消毒雙手。以下，由兒科專科醫生張傑教大家教導孩子使用酒精搓手液的正確方法，以及選購酒精搓手液所需注意的事項。

個案：

姓名：阿男　　年齡：6歲

　　為防患於未然，適當使用口罩隔絕病菌固然重要，媽媽亦希望阿男能在外出時使用酒精搓手液清潔及消毒，以減少兒子接觸病菌的機會。不過，到底怎樣使用搓手液才能有效發揮其消毒功效？

精明選購 徹底清潔

　　兒科專科醫生張傑表示，選購消毒酒精搓手液時，要注意酒精濃度及成份是否有足夠的消毒能力，再加上用法正確才有效。而正確使用酒精搓手液的方法，要依照潔手8部曲進行潔手程序，包括雙手所有表面。整個潔手程序約需20至30秒，待潔手液徹底地乾透，潔手程序便算完成。而消毒酒精搓手液的擺放位置，應遠離廚房等會生火的位置，同時亦應該貯存在兒童不容易觸碰的地方，若他們不慎吞服消毒酒精搓手液，有機會出現中毒的情況。

酒精搓手液使用 8 部曲

1. 按取足夠份量的酒精搓手液，
   約 3 至 5 毫升。

2. 先清潔掌心。

3. 然後手背。

4. 再掌對掌清潔指隙。

5. 然後手指互扣旋轉清潔指背。

6. 再用掌心旋轉清潔拇指。

7. 然後指尖對掌心旋轉按擦。

8. 最後清潔手腕。

TIPS: 酒精濃度越高越好？

　　張傑醫生指消毒酒精搓手液的酒精濃度含量需要達 75%，才可有效殺菌。若酒精搓手液的酒精濃度含量過低，大概只能夠減低細菌在雙手繁殖，並未能帶來殺菌效用。不過，這並不代表酒精濃度越高便越好，如酒精濃度超過 95%，反而有機會削弱消毒殺菌效果，同時也會傷及皮膚。

Officially
Licensed Product

primeval
Organic

Gold continental GT muiller

Bentley Trike 2023" is exclusive distributed in all primeval stores

Shop B223A, K11 MUSEA, TST

Shop 342A, 3/F, Moko,Mong KoK

Shop 210, 2/F, Windsor House, Causeway Bay

Shop 2029 ,2/F, Yoho Mall l, Yuen Long

Shop UG49, Olympian City 2, West Kowloon

Shop7-8, 9/F, MegaBox, Kowloon Bay

Shop A205, 2/F, New Town Plaza lll, Shatin NT

Shop OT G26, Ocean Terminal, Harbour City,TST

www.primeval-baby.co.uk

我學識
正確戴口罩

資料提供：張傑 / 兒科專科醫生

　　口罩可以抵擋飛沫傳播的病菌，但如果佩戴口罩的方法不正確，會令防護效果大大減低。因此，孩子也應該學習正確的戴口罩方法，以下由兒科專科醫生教家長如何指導孩子正確使用口罩的方法吧！

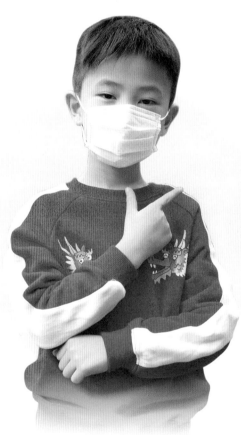

個案：

姓名：卓男　　年齡：6歲

　　戴口罩防護，對卓男而言，要長時間戴住口罩有時會覺得不適。媽媽知道要卓男「戴好口罩」也不是易事，但媽媽希望他可以學會如何正確佩戴口罩，以避免因戴錯而令防疫效果大減。

佩戴得宜防護效果 Up

　　口罩具有阻隔液體與飛沫微粒通過的功能，較常用的是外科口罩。若口罩佩戴得宜，張傑醫生指能避免個人帶有病菌的飛沫，透過說話或打噴嚏時傳播給其他人，以及防止其他人帶有病菌的飛沫，直接飛到我們口和鼻中，是有效預防經飛沫傳播疾病之方法。而佩戴外科口罩後，應避免觸摸口罩。若必須觸摸口罩，在觸摸前後，都要記得徹底清潔雙手。

戴口罩 4 部曲

Step: 1

有顏色和摺紋向下的一面向外，有金屬條的一
邊向上。

Step: 2

如選用掛耳式外科口罩，把橡筋繞在耳朵上，
使口罩緊貼面部。

Step: 3

拉開外科口罩，使口罩完全覆蓋鼻、口和下巴。

Step: 4

把外科口罩的金屬條，沿鼻樑兩側按緊，使口
罩緊貼面部。

TIPS: 佩戴口罩 注意事項

　　預防疾病感染，大家都知道要「勤洗手、戴口罩」，到
底戴口罩有哪些該注意的地方呢？

1. 選擇合適尺碼的外科口罩，兒童可選擇兒童尺碼。
2. 口罩宜覆蓋面部和下巴之餘，但不要碰到眼睛，以免引起
   不適。
3. 使用有鐵線的口罩，必須配合鼻形按壓成合適的形狀。
4. 注意耳朵扣着的位置會否太緊。
5. 一般而言，口罩的白色向內，有顏色的向外，有金屬條的
   一邊向上。如果口罩兩面顏色相同，如都是白色，應將摺
   紋向下的一面向外。

我識

收納口罩

資料提供：陳香君 / 資深註冊社工

為了防範新型冠狀病毒疫情，大家出門在外，都需要戴口罩阻隔病菌。除了戴口罩之外，原來口罩收納也很重要！把口罩塞背包、塞褲袋、放桌上，統統不可以，胡亂收納口罩，會更容易招惹病菌，以下由資深社工教大家如何讓幼兒妥善收納口罩。

個案：

姓名：小浚　　年齡：4 歲

外出吃飯時總要暫時脫下口罩，不少人會購置口罩收納工具去儲存。但是媽媽發現兒子沒有將口罩收納好，便隨手揉一揉放進褲袋內，到底怎樣才能培養出孩子收納口罩的好行為呢？

讓孩子選擇收納盒

現時口罩已變成外出的日常配備，但也發生口罩遺落在地面的問題，因此使用口罩收納盒，是一個好方法來收藏口罩，以免口罩受外來環境污染。註冊社工陳香君表示，如果想培養孩子有妥善收納口罩的習慣，可先從選擇收納口罩盒入手。家長可讓孩子選擇自己所喜歡的卡通人物收納口罩盒，或是讓他們設計收納盒的外觀，這樣能夠吸引及建立孩子在每次除掉口罩後，能夠把口罩放回盒中的好行為。家長也千萬不要忘記，當孩子能夠正確處理口罩時，謹記要多加鼓勵和讚賞，以增加孩子持續的好行為。

收納口罩 3 部曲

Step: 1

把口罩內側朝上放，口罩外側朝下。

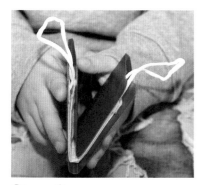

Step: 2

口罩放好後，再左右對摺。

Step: 3

把口罩掛繩勾在凹槽。

TIPS: 需定期消毒清潔

　　任何可重用的口罩收納器具都有機會藏菌，應該每日清潔消毒 1 至 2 次。清潔方法方面，可用稀釋漂白水、肥皂水沖洗是最佳方法。有時身在街外不能沖洗，則可以 60 至 80% 酒精噴灑或塗抹，留待 1 分鐘左右才抹去，簡單消毒收納用具。而且，若真的使用收納盒，最緊要是任何時候都記得要消毒雙手，以及用紙巾包妥口罩才置於任何器具中。

我可以
自己丟口罩

資料提供：陳香君 / 資深註冊社工

　　口罩成為大眾防護的重要工具。除戴口罩要有技巧外，原來丟棄口罩的方式也有技巧，而「丟棄口罩」跟如何「戴好口罩」一樣重要。以下由資深社工教大家如何讓幼兒妥善丟棄口罩。

個案：

姓名：小浚　　年齡：4 歲

　　要持續做好防護措施，但是媽媽發現小浚沒有將口罩整理好，便隨手揉一揉就往垃圾桶丟掉，在想到底怎樣才能培養兒子正確地處理已用完的口罩。

提供小膠袋

　　脫下後的口罩要正確丟棄，才不會增加風險，不然會增加自身感染的機率。註冊社工陳香君表示，如家長希望培養孩子有正確脫口罩及丟口罩的觀念和習慣，家長可先教授正確步驟，將口罩向內對摺，把外層污染面包在裏面，不要用揉的，然後為孩子提供一個小膠袋以丟棄口罩，讓孩子輕鬆處理。當孩子能夠正確處理口罩時，謹記要多鼓勵和讚賞他們，以增加孩子持續好行為。

丟棄口罩 4 部曲

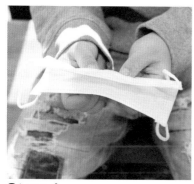

Step: 1

將口罩由內到外對摺。

Step: 2

再左右對摺。

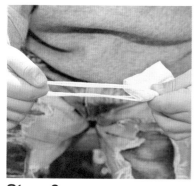

Step: 3

用掛繩將口罩綁好。

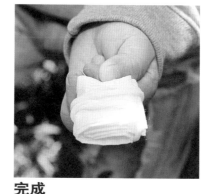

完成

完成！丟完口罩後，記得洗手清潔。

TIPS: 勤洗手 防疫不能忘

當脫下口罩時，雙手難免會觸碰到口罩的表面。當口罩經過一整天的外界空氣接觸，上面覆滿了看不見的細菌，這時摸到細菌後再接觸口眼鼻，就是一大禁忌。因此脫口罩後一定要去洗手，才能避免病毒感染，然後才處理口罩。丟完口罩後，也要記得再洗手清潔，所以正確的脫口罩方式，不僅能把細菌包在裏面，也能避免細菌沾染在其他物件上，保護自己也保護他人。而勤洗手是在防疫時刻，不能忘記的一件事。

我要自己
搽 Lotion

資料提供：陳厚毅 / 皮膚科專科醫生

個人健康護理應從小做起，其中護膚也是很重要的一環，小朋友也要學習如何保護自己幼嫩的肌膚。以下由皮膚科專科醫生會提醒小朋友學習塗抹 Lotion 時，要注意的事項。

個案：

姓名：小熙　　年齡：4 歲

　　每天洗澡後，小熙的媽媽都會為他塗上潤膚乳，保持肌膚滋潤。媽媽希望讓小熙學習自己塗潤膚乳，保持這個好習慣，但又怕他只顧着玩，弄得一地都是。

認識皮膚狀態

　　年紀小的孩子通常由父母幫忙塗上潤膚乳，但皮膚科專科醫生陳厚毅表示，其實 2 至 3 歲的孩子，已經可以開始學習自己塗潤膚乳，視乎手腳的活動能力和靈活程度而定。家長可以協助孩子了解自己的皮膚狀態，如孩子患有濕疹或其他皮膚敏感症狀，他們知道塗上潤膚乳後，會改善皮膚狀況，他們會更加願意這樣做。

搽 Lotion 3 部曲

Step: 1
塗潤膚乳前，要洗乾淨雙手，保持清潔。

Step: 2
家長先示範潤膚乳的用量，讓小朋友知道大概用多少才足夠。

Step: 3
家長可引導小朋友將潤膚乳輕揉塗在皮膚上，不宜過份用力。

完成
小朋友將適量的潤膚乳塗在四肢和全身位置，至於臉部及較難接觸的位置，則可由家長代勞。

TIPS: 兒童護膚小貼士
1. 護膚用品的包裝應以簡單為主，讓孩子能夠直接將乳液按出或倒出，最為合適。
2. 為免對孩子的皮膚造成刺激，家長應為孩子選擇一些成份天然、不含防腐劑及人工添加劑的兒童專用護理產品。
3. 在洗澡後塗潤膚乳，可以幫助肌膚鎖住水份。但沒有一種潤膚乳只塗一次便能全日有效地保濕，家長可提醒孩子要多塗幾次，防止皮膚變乾。

我想
自己洗面

資料提供：鄭蕭 / 一級註冊職業治療師

　　無論大人與小朋友，每天起床後，都會到洗手間洗面、刷牙，迎接新的每一天。別小覷洗面這個日常動作，職業治療師指小朋友自行洗面，可訓練他們的手部協調、計劃組織能力及獨立性。以下為各位家長分析一下教小朋友自己洗面有甚麼竅門。

個案：

姓名：柔柔　　年齡：4 歲

　　柔柔的表姐在外地旅遊時，買了一條精緻的小方巾給她做手信。柔柔想利用這條小方巾學習洗面，但媽媽一來擔心洗手間濕滑，二來又覺得柔柔沒力氣把小方巾扭乾，因此一直沒有讓她自行洗面，令柔柔有點悶悶不樂。

從幼訓練 提升衛生意識

　　洗面是生活中不可缺少的部份，一級職業治療師鄭蕭認為家長讓子女由幼兒時期開始嘗試抹面，可建立他們的個人衛生意識。家長可準備小方巾讓 1 至 2 歲幼兒粗略抹面；2 至 3 歲幼兒在抹面的行為上，已經逐漸有進步；3 至 4 歲幼童的小肌肉發展較為成熟，可讓他們嘗試扭毛巾的動作；4 至 5 歲的幼童大致能夠扭乾毛巾，以及懂得自行清潔面部各位置。

　　鄭蕭指洗面能夠訓練小朋友的手部協調，當中雙手抹面、扭毛巾的動作，可訓練小朋友的雙手協調技巧及手握力。另外，洗面過程包含了不同的步驟，透過這些步驟能夠讓小朋友實踐計劃組織能力。除此之外，洗面亦可建立小朋友對衛生的意識，讓他們明白甚麼是「乾淨」與「清潔」，透過參與自理活動，亦能建立他們的自信心及提升獨立性。

洗面 5 部曲

Step: 1
首先，小朋友要將小方巾弄濕。

Step: 2
然後將已弄濕的小方巾對摺成小長方形，方便扭動。

Step: 3
將已摺成小長方形狀的小方巾，向相反方向扭動，扭乾小方巾後，可以開始抹面。

Step: 4
先清潔眼睛四周位置，再抹嘴巴，然後是鼻子，最後再抹餘下的位置。

Step: 5
清潔臉部後，用水清洗小方巾，然後將小方巾摺成小長方形，扭乾後就將小方巾掛回原來位置。

TIPS: 家長需小心留意

1. 鄭蕭建議家長在小朋友洗面的時候，盡量陪伴在他們身邊。一方面是因為洗手間地面濕滑，小朋友有滑倒的危險；另一方面，部份小朋友在洗面時只顧玩水，而忘記了整個步驟，因此亦需要家長在旁提點。而家長的鼓勵對於小朋友也很重要。

2. 鄭蕭建議家長將小朋友的毛巾架，設置於與他們身高相若的高度。

3. 家長應留意小朋友在學前階段的行為，鄭蕭指若小朋友對於洗澡、刷牙、洗面，以至別人的觸碰都十分抗拒，便需留意小朋友的異常表現是否對觸覺過度敏感。家長需及早尋找職業治療師的協助，避免錯過治療的黃金期。

我要
自己洗頭

資料提供：張家龍 / 一級註冊職業治療師

洗澡、洗頭是生活中的例行公事，但往往由於孩子的抗拒，許多家庭幾乎天天上演着父母吼、孩子哭的洗澡大戰，令不少爸媽都為此感到手足無措。父母不妨讓孩子自己玩、自己試，他們漸漸就會習慣，甚至喜歡洗頭呢！

個案：

姓名：喬喬　年齡：3 歲

喬喬今年 3 歲，平時洗澡和洗頭都是由媽媽幫忙，所以她很少參與其中。早前媽媽想讓她學習自理，讓她學會自己洗澡，所以這陣子媽媽希望她能學習洗頭，從而建立自理能力和責任感。但有時候，當水淋過頭時，喬喬便會大哭大鬧，令媽媽感到很頭痛。

4 至 5 歲可學習洗頭

職業治療師張家龍表示，孩子由 4 至 5 歲開始便有能力可嘗試學習洗頭，透過洗頭的動作，能夠訓練他們的上肢所有肌肉。小朋友最初或會對水和洗頭感到很恐懼，張家龍建議家長不要操之過急，要按部就班，家長可將洗頭的步驟倒轉做，從最後一個步驟開始做起，即是沖水，之後再學習用洗頭水洗頭，最後才是把頭髮弄濕。首兩個步驟，媽媽可為他們提供協助，慢慢才讓小朋友自己淋水，多重複做數次，能夠讓孩子建立信心，驅使他們養成自行洗頭的習慣。

學洗頭步驟 4 部曲

Step: 1

家長可先將洗頭水放少許在小朋友手心上。

Step: 2

讓小朋友將洗頭水搓至起泡。

Step: 3

將泡沫往頭上抹,孩子將雙手放在頭上,開始搓洗頭髮。

Step: 4

再讓孩子低下頭來沖水。對於剛學習洗頭的小朋友,家長可提供適量協助。

TIPS: 自理能力建自信

1. 家長最初教導孩子學洗頭時,可在口頭上給予適當的稱讚,讓他們對學習自理建立自信。
2. 若孩子能夠學習自理成功,對小朋友來說是一種自我形象和責任感的建立,慢慢可讓他們多嘗試學習其他自理行為。

我可以
自己吹頭髮

資料提供：陳香君 / 資深註冊社工

　　寶寶每次洗完頭一定要先將頭髮擦乾，再用風筒隔着適當的距離將頭髮吹乾，但他們手臂力不足有時候無法自行用風筒吹頭髮。可是，你知道嗎？原來讓孩子自己學習吹頭髮，是會有意想不到的好處！以下由社工講解學習自己吹頭髮的好處，以及訓練孩子使用風筒時要注意的地方。讓孩子能成為能幹的自理小達人。

個案：

姓名：Irissa　　年齡：4 歲

　　Irissa 今年 4 歲，每次姐姐在自己吹頭髮時，她都會不停望着姐姐，一臉好奇的樣子。媽媽顧及 Irissa 年紀尚小，害怕她沒有足夠的力量拿起風筒，所以會幫她把頭髮吹乾。但有時 Irissa 會嚷着媽媽，希望自己能夠吹頭髮。媽媽思前想後，便讓她學習使用風筒，逐步建立其自理的能力。

自己吹頭髮好處多

　　陳香君表示小朋友自己吹頭髮有很多好處，首先可以訓練小朋友運用手肌的能力，如學習用不同角度來把頭髮吹乾、負起風筒的重量等，同時也可以初步學習到科學知識，例如是怎樣的風向、風速、熱度等，才能把頭髮吹乾。另外，小朋友在吹頭髮的過程中，可以讓他們學習家居安全，令他們明白原來洗澡後要把手弄乾才可以觸碰電掣，不然便會觸電。而且，他們也會透過吹頭髮，學會如何保護自己，避免將頭髮過份加熱，而把自己弄傷。

學吹頭髮 4 部曲

Step: 1

家長在小朋友使用風筒前，應先講解每個按鈕的功能。

Step: 2

家長可以在旁協助，讓小朋友用手體驗一下風速和熱度。

Step: 3

讓小朋友自行嘗試開關風筒。

Step: 4

吹頭髮時，讓吹風機與頭髮之間保持約 20cm 的距離，一邊輕輕撥動頭髮，一邊由上至下把頭髮吹乾。

TIPS: 選擇合適大小的風筒

　　如果希望小朋友能夠自己學習吹頭髮，那麼運用適合他們使用的工具便極為重要。陳香君表示風筒有一定的重量，未必每一個小朋友都能夠拿起，所以家長可以為孩子挑選一些較輕、體積較小的風筒，供小朋友使用。另外，亦要留意擺放風筒的位置，是否能讓他們自己拿取使用。當小朋友知道自己是有能力完成時，這樣能夠讓他們堅持作出自理行為。陳香君亦建議當小朋友 4 至 5 歲時可以嘗試自己使用風筒。

我可以
自己用牙線

資料提供：馮建裕 / 牙周治療科專科醫生

清潔牙齒是日常生活中不可缺少的環節，家長常疑問到底該怎樣使用牙線，以及該甚麼時候使用呢？以下由牙周治療科專科醫生會教家長一些教導孩子使用牙線的要訣，讓小朋友也可自己好好護理健康牙齒。

個案：

姓名：小詠　　年齡：6 歲

　　小詠今年 6 歲，喜歡吃東西，媽媽害怕她年紀輕輕便承受蛀牙的痛楚，希望她有一排美白又健康的牙齒。所以除了使用牙刷外，還希望小詠學習自己動手使用牙線。但初時小詠很抗拒，又弄傷牙肉至流血，令媽媽感到很頭痛。

牙線好處多

　　牙周治療科專科醫生馮建裕表示，只靠牙刷是不能夠刷乾淨牙齒鄰面，如牙齒與牙齒之間的位置，而牙線便是一個好幫手來清潔牙齒鄰面。使用牙線能夠清除牙菌膜，更可有助牙齒吸收牙膏的氟，防止小朋友的乳齒蛀牙，影響牙齒的美觀，避免出現牙周發炎問題。另外，由於小朋友的乳齒於 2 歲時已長齊，家長可考慮開始讓他們使用牙線，並從旁指導，建立習慣。而使用牙線需要手指靈活運用，馮建裕指小朋友於 6 歲起，手部肌肉開始成熟，便可以自己動手。

學用牙線 4 部曲

Step: 1

把一條約 20 至 25 厘米長的牙線結成一個圈。

Step: 2

用拇指和食指操縱牙線,把牙線左右拉動,慢慢地把牙線滑進牙齒與牙齒之間的位置。

Step: 3

把牙線緊貼其中一邊的牙面,上下拉動牙線清潔牙齒,然後把牙線緊貼另一邊的牙面,上下拉動牙線清潔牙齒。重複以上步驟直至每個牙齒鄰面都清潔為止。

Step: 4

由於孩子使用牙線時,手部可能未必太靈活,家長可讓他們使用牙線棒,其用法簡單,小朋友用得更得心應手。

TIPS: 使用牙線變家庭活動

1. 家長可與小朋友一起出外購買用具,讓他們選擇所喜歡的,建立他們的責任心。
2. 家長宜與孩子一起使用牙線,進行身教,他們自然會跟隨和不再抗拒。

家長可以購買兒童牙線棒,它們具有不同形狀和顏色,令小朋友可以愉快地使用。

我要學識
戴皮帶

資料提供：馮建裕 / 牙周治療科專科醫生

平日外出為了令小朋友打扮得整齊漂亮，不少媽媽都會下許多工夫，很多時皮帶便是其中一項配件。戴上皮帶可以幫忙固定褲子，可是戴皮帶亦是一項非常複雜的技巧，對小朋友而言非常困難，有甚麼辦法可以讓孩子更易上手？

個案：

姓名：朱俊宇　　年齡：4 歲半

小朋友的褲子有時候會買得比較鬆，這時候便需要為他們戴上皮帶。俊宇有時都要戴皮帶，可是因為自己戴皮帶對俊宇來說太難，很多時候都需要媽媽的幫忙。為了提升兒子的自理能力，媽媽希望兒子可以自己學會戴皮帶，減省準備出門所需時間，兒子亦更有成功感。

需兩手配合

戴皮帶是需要運用許多小肌肉的複雜技巧，小朋友需要有很好的手眼協調，同時需要很細心才可以完成這個動作。小朋友除了要運用整隻手的肌肉，還要有兩隻手的配合運用才可以成功。戴皮帶是小朋友自理的一部份，所以如果可以自行完成，小朋友的成功感也會很大，不過即使完成不了父母也不應勉強他們。父母可以按照小朋友的年齡為他們安排不同程度的任務，年幼的孩子可以做到把皮帶穿過皮扣，可是要扣起就比較難，可能要父母幫幫忙。而把鐵扣穿過小洞的動作，對小朋友而言就有一點難度，各位爸爸媽媽可以讓孩子試試，不過不用勉強，可以讓孩子負責最後把皮帶拉直的動作。

學戴皮帶 Step by Step

Step: 1
首先由家長示範一次如何戴皮帶。

Step: 2
仔細為小朋友說明每個步驟。

Step: 3
讓孩子自行嘗試。

Step: 4
可以讓孩子自行扣好皮帶，不過如果做不到也不用勉強。

TIPS: 不要一味制止

1. 不要一味制止：許多父母在教導孩子時只會一味制止他們的動作，雖然制止他們可以令他們立刻停止錯誤，可是他們並不明白到底哪裏出錯。

2. 明確指引：父母在糾正教導孩子時，應該以清晰的方式說明每個步驟，讓孩子明白有甚麼要注意，以及自己錯在哪兒。

3. 親自示範：如果解釋之後小朋友還是不明白，爸爸媽媽可以親自示範，讓孩子看到到底怎樣做才是正確的，可以模仿父母的動作。

4. 不應勉強：孩子可以完成當然值得稱讚，不過如果孩子做不到，父母也不應勉強孩子完成，因為戴皮帶對小朋友而言，難度實在太高。

我要自己
換床單

資料提供：張嘉宜 / 職業治療師

為培養孩子的獨立自理能力，家長應從小讓他們參與做家務，家長可從簡單的家務開始，當孩子循序漸進地掌握了不同的家務技能，便可以挑戰難度較高的任務了，換床單便是其中之一。以下由職業治療師教路，讓孩子能輕鬆地掌握換床單的任務。

個案：

姓名：朗朗　　年齡：7 歲

朗朗今年 7 歲，已經養成了每天早上起床自己摺被的習慣。媽媽希望進一步訓練他學習自己換床單，但小人兒面對比他大的床，顯得十分吃力，無從入手，總是把床單弄得一團糟。

倒退式學習 較易掌握

換床單屬於難度較高的家務，十分考驗小朋友的手眼協調及解難能力。職業治療師張嘉宜表示，初小的孩子才可以自己完成所有的步驟。她建議家長可先讓小朋友學習入枕頭袋，讓他們熟悉那種感覺。首次學習時，家長宜先向孩子示範如何鋪床單，剩下最後的一至兩個步驟時，讓小朋友參與，待他們掌握了技巧後才逐漸放手，有助減低難度，建立他們的成功感。

換床單 Step by Step

Step: 1

家長先向孩子示範如何鋪床，如從哪個位置開始。

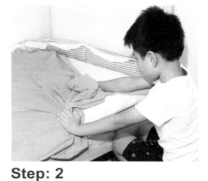

Step: 2

家長完成大部份的過程，預留最後步驟讓孩子參與。

Step: 3

家長可以在床單的角位貼上標記，讓孩子更容易掌握。

Step:4

若家長認為孩子已經掌握技巧，便可以增加他們參與的步驟，直至他們能自行完成整個過程。

TIPS: 按能力逐步放手

1. 孩子剛開始學習換床單時，家長需要提供適當的協助，以免他們因感到困難而放棄。
2. 家長應從旁觀察孩子的表現，按他們的能力作出調整，逐步放手讓他們嘗試自行完成。
3. 若孩子成功做到每個步驟，家長可給予欣賞和讚許，令孩子感到有成功感。

我可以
幫手倒垃圾

資料提供：呂蔚昕／一級註冊職業治療師

　　從小培養孩子擁有良好的習慣，有助逐步建立其自理能力，並可透過做家務認識自己的責任，所以家長可訓練孩子從自己的房間開始，學習倒垃圾，只要有清晰指示，按部就班，孩子便可以完成任務。

個案：

姓名：小謙　　年齡：4 歲

　　小謙不時將抹鼻涕的紙巾亂放，媽媽希望培養他良好的個人衛生習慣，知道垃圾要放進垃圾桶，更希望他可以幫忙處理垃圾，培養責任感。但媽媽同時擔心他雞手鴨腳，會將垃圾弄至到處都是，所以一直未讓他嘗試。

按部就班

　　職業治療師呂蔚昕表示，3 歲多的小朋友已經可以開始幫忙倒垃圾，但家長應按孩子的年齡及能力而調節步驟，並提供適當的協助。如年紀太小的孩子不夠力拿大袋垃圾，同時也不太衛生，家長可以先教導他們處理自己房間的垃圾。當他們感覺自己有能力完成任務，自然能從中獲得滿足感。

倒垃圾 4 部曲

Step: 1

家長可先在孩子房間裏放置一個小小的垃圾桶，建立他們的個人衞生習慣，讓他們知道垃圾不可隨處亂丟，而是要放進垃圾桶中。

Step: 2

垃圾放滿後，家長可以教導幼兒把膠袋從垃圾桶中取出，並將其綁緊。

Step: 3

家長可指示孩子將這袋垃圾，放在家中較大的垃圾桶旁邊。

Step: 4

家長和孩子一起將垃圾拿到垃圾房丟棄；家長負責拿大袋垃圾，孩子則可拿較小的那一袋。

TIPS: 宜降低期望

1. 家長需要降低期望，幼兒開始倒垃圾初期，可能會雞手鴨腳，家長應給予正面鼓勵，有助持續良好行為。

2. 家長和孩子一起參與家務，孩子會更有動力完成任務。

我要自己
洗毛巾

資料提供：張家龍 / 一級註冊職業治療師

　　孩子平時上學所帶備的小手帕，家長不妨讓他們嘗試自己清洗，這不但可訓練小朋友的手握力，亦能訓練孩子的自理能力和責任感。以下由職業治療師會教家長一些訓練孩子洗毛巾的要訣，讓他們成為能幹的自理小達人。

個案：

姓名：晴晴　年齡：3 歲

　　晴晴今年 3 歲，她平時上學的用品都是由媽媽整理和清洗，所以她很少參與其中。媽媽想讓晴晴學習自理，希望透過洗毛巾，逐步學習整理自己的上學用品，從而建立自理能力和責任感，於是便讓晴晴嘗試自己洗毛巾。但有時候，愛玩的晴晴拿着弄濕了的毛巾只顧着玩，沒有認真地洗毛巾，令媽媽感到很頭痛。

從小範圍開始

　　職業治療師張家龍表示，小朋友由 1 歲半開始便有能力可以學習洗毛巾。透過洗毛巾的動作，扭毛巾和搓毛巾能訓練小朋友的手部肌肉和手握力，預備將來孩子長大後可執筆寫書或提起工具。而且，小朋友年幼貪玩，當接觸水和肥皂泡時會感興趣，所以張家龍建議家長在洗毛巾前要先跟孩子預告，告訴他們「我們是洗毛巾，不是玩水和泡泡」，然後說明洗毛巾的步驟，讓孩子知道洗毛巾是自己的責任，並要學習照顧自己，養成洗毛巾的習慣。

學洗毛巾 4 部曲

Step: 1

家長可預先在小盆內放置水及清潔劑，讓孩子將抹布弄濕。

Step: 2

左手握着毛巾的一角，右手來回搓洗毛巾5至10次。

Step: 3

孩子將毛巾鋪在桌面上，先把毛巾摺成長方形，方便孩子擰毛巾。

Step: 4

手抓住毛巾兩端，雙手向相反方向扭，便能扭乾毛巾。對於剛學習的幼兒，若他們手部肌肉力量不足，家長可提供協助。

TIPS: 讚賞成鼓勵

1. 家長最初教導孩子學洗毛巾時，不能要求他們能夠像大人般將毛巾完全擰乾，可給予適當的協助。

2. 若孩子成功做到，家長初期可給予些貼紙或糖果作獎勵，之後可改成口頭上的稱讚，令孩子有成功感，他們的參與意慾亦能相對提升。

我學識
自己沖飲品

資料提供：張嘉宜 / 職業治療師

小朋友的好奇心旺盛，甚麼事情都想嘗試自己動手做。家長可讓小朋友嘗試自己沖調一杯飲品，既可訓練他們的小手肌和手眼協調能力，當他們成功後，亦會很有滿足感呢！

個案：

姓名：小浩　　年齡：4歲

　　小浩平時愛喝媽媽沖調的朱古力飲品，有次看見媽媽正在沖飲品，小浩便提出希望嘗試自己弄一杯。但媽媽卻擔心他雞手鴨腳，將朱古力粉弄到到處都是，又怕他會被熱水燙傷，所以一直沒有讓他嘗試。

按能力調整步驟

　　職業治療師張嘉宜表示，2歲多的小朋友已經可以在家長的協助下沖調飲品，但家長應按孩子的年齡及能力而調節步驟，並提供適當的協助。如年紀太小的孩子不夠力，不能打開沖劑的瓶蓋，家長可以代為幫忙。當發覺孩子有足夠的能力，家長便可以逐漸放手，讓孩子自己做完所有步驟。而器具的選擇亦十分重要，使用較小的熱水壺，可以讓孩子較容易控制；而使用膠杯盛載飲品，亦比較安全。

沖飲品 Step by Step

Step: 1

先打開沖劑的瓶蓋，如孩子不夠力，可由家長代勞。

Step: 2

用茶匙舀適量的沖劑進杯中。

Step: 3

雙手持熱水壺，將熱水倒進杯內；年幼的孩子或未有足夠能力拿起熱水壺，家長可以提供協助。

Step: 4

順時針地攪拌，直至所有粉末溶解。

TIPS: 多給予嘗試機會

1. 為孩子選擇適當的器具，並小心注意安全。
2. 控制力度是孩子在倒水時會遇到的常見問題，若他們太用力便會倒瀉；但家長不應干預太多，在安全的情況下，可讓孩子自行作出嘗試。
3. 若孩子成功沖調飲品，家長可給予欣賞和讚許，令孩子擁有成功感。

可以享用自己沖調的飲品了！

51

我自己焓蛋

好好食

資料提供：黃文儀 / 英國認證遊戲治療師

孩子若懂得入廚煮食、照顧自己的起居，相信是自理能力一大進步的證明。但廚房向來被視為小朋友的禁地，若要開爐煮食，對不少家長來説，也是膽戰心驚。如希望培養孩子的簡單下廚能力，家長有甚麼方法？

個案：

姓名：小優　　年齡：5 歲

小優的爸爸希望女兒能夠獨立一點，在起居飲食上可以照顧自己，媽媽雖然擔心她入廚房會有危險，但爸爸認為不能過份保護孩子，故決定從簡單的焓蛋開始，讓小優學習煮食。小優本身對煮食感到好奇，可以踏足廚房這個「禁地」，亦令她很有新鮮感。

學習入廚按部就班

小朋友若有機會入廚，相信是難得的機會。啟域發展中心英國認證遊戲治療師（PTI）黃文儀指出，若家長認為孩子有能力做到，不妨從無火煮食入手，從製作簡單小食開始，讓孩子學習從購買食材、準備及處理食材，在安全的情況下，讓他們嘗試不太繁複的小食製作。另外，父母也可與孩子一起參加料理班，掌握初階的煮食技巧，讓孩子有成功感後，再在家中作進階學習，用火煮食。家長亦可帶孩子到街市了解不同食物的品種，過程中可教導孩子認識材料及食物原本的形狀、食材配搭、營養、重組食物的形狀等。

學習烚蛋 4 部曲

Step: 1

教導孩子在煲內注入室溫的水，然後放進雞蛋。由於注入水的煲會較重，大人可從旁協助孩子把煲放至爐上，然後替孩子開火。

Step: 2

小朋友把雞蛋放至水中，大人可使用透明的蓋，蓋上煮食煲。過程中，可與孩子一同觀察隨着水的溫度改變，水的形態也有所改變，例如冒煙和出現氣泡等。

Step: 3

10分鐘後待雞蛋煮熟，此時由於水的蒸氣較熱，大人可替孩子打開蓋，並把雞蛋以大勺舀出。若大人希望孩子親自動手，則可準備較大的有孔勺子，讓孩子較易把雞蛋舀出來。

Step: 4

教導孩子把雞蛋泡進冷水中，待雞蛋降溫後，才由孩子把雞蛋殼剝開，即可食用。

TIPS: 安全煮食更安心

1. 家長若擔心開爐火的安全性，宜事先告訴孩子要有父母陪同下，才可以自己開火煮食。
2. 家長訓練子女的下廚能力，不宜即興進行，應事先大家一起商量，並量化步驟，評估小朋友的能力範圍，決定讓他們處理哪些步驟，其餘的由父母協助完成。
3. 從準備工具、材料，至下廚煮食、善後工夫，父母應讓孩子知道他們要一同參與，而不是只選自己喜歡的步驟。

我要學整
小飯糰

資料提供：黃文儀／英國認證遊戲治療師

　　隨着小朋友的年紀漸長，能夠擔當的事情也越多，要提升孩子的自理能力，從好玩有趣的製作食物入手，相信也是其中一種方法。以下由遊戲治療師分享以煮食作為訓練自理能力，家長也可學習如何有效地引導孩子參與的方法。

個案：

姓名：茵茵　　年齡：7 歲

　　媽媽希望教導女兒製作小飯糰，促進親子關係，提升孩子的自理能力，並改善女兒一向偏食不愛吃飯的壞習慣。但飯糰有黏性，女兒似乎有點抗拒，亦覺得會弄髒雙手。

認識孩子喜好

　　家長若希望以製作食物作為訓練子女的自理能力，遊戲治療師黃文儀表示，家長於事前應留意孩子的喜好，是否喜歡進食該食物，並留意該食物的質感，在製作時會否令孩子覺得太刺激，從而產生抗拒；製作過程會否過於複雜，孩子是否需要花長時間去處理等。在計劃製作食物時，家長應事先與孩子商量製作甚麼食物，一起選購食物、工具等，並向孩子示範製作步驟。若是屬於初次製作食物，建議時間約 15 分鐘內能完成較好，讓孩子有興趣繼續煮食，日後才漸進式地增加食物製作的難度和時間長度。

學整小飯糰 5 部曲

材料： 珍珠米飯　　1碗
　　　　 水煮吞拿魚　1罐
　　　　 紫菜　　　　1包
　　　　 飯素　　　　隨意

Step: 1

讓孩子於珍珠米中加入喜歡的飯素，或是以原味珍珠飯，放進製作小飯糰的工具中，約一半滿。

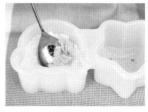

Step: 2

於飯糰中按出淺洞，加入吞拿魚餡料。

Step: 3

加上蓋面的米飯，可為孩子準備一碗清水，拿米飯前先以水沾濕手指，能減低飯糰接觸手指時的黏稠感。若孩子感到抗拒，可讓他們戴上手套製作。

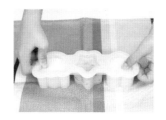

Step: 4

加上蓋子，然後壓上模具。

Step: 5

小心取出小飯糰，並進行裝飾。

TIPS: 處理偏食壞習慣

1. 孩子若有偏食情況，家長應了解原因，例如是否出於對食物的質感、顏色，抑或煮食方法，才產生抗拒。

2. 若是出於煮食方法，家長可嘗試把食物混入其他孩子喜歡的食物當中，或是弄碎該食物，令孩子較易接受。

3. 向孩子訂立標準，例如說：「媽咪煮得很辛苦，即使你不喜歡，也要吃 1 至 2 口。」建立孩子嘗試進食的態度。

我要自己
切水果

資料提供：呂蔚昕／一級註冊職業治療師

　　如今很多家庭的孩子都是獨生子女，倍受家長的寵愛，很多小朋友都從未自己製作過食物，小朋友吃水果都是由父母或工人姐姐切好，他們甚至不知道水果本來的模樣，所以家長不妨讓小朋友學習切水果，有助鍛煉小手肌，也能提升自理能力。

個案：

姓名：小宜　年齡：3 歲

　　今年 3 歲的小宜很喜歡吃水果，但平時都是由媽媽準備。媽媽希望提升小宜的自理能力，所以希望讓她學習如何切水果，但又擔心她只顧着玩，弄得一團糟。

循序漸進學習

　　一級註冊職業治療師呂蔚昕表示，1 歲至歲半的孩子，可以先從玩煮飯仔開始，模仿切水果的過程，更可以鍛煉小手肌。到孩子約 3 歲，協調能力增加，就可以學習切真的水果。家長可以選擇較軟身的水果，如香蕉、士多啤梨及奇異果等，孩子會較容易掌握。家長也需要注意工具的安全性，如刀要使用膠刀以及較輕身的砧板。

切水果 Step by step

Step: 1

家長可以請孩子先幫忙剝掉香蕉的皮。

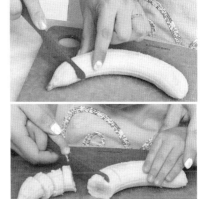

Step: 2

家長可以先示範如何切水果，再握着孩子的手做一次。

Step: 3

當孩子掌握了技巧，家長就可以讓孩子獨自嘗試切水果。

Step: 4

孩子可以發揮創意，將水果放在碟子，形成不同的圖案。

TIPS: 欣賞孩子的努力

1. 家長要時刻提醒孩子注意安全，如切水果時要小心手指。
2. 家長不要期望孩子能夠做得很完美，只要孩子成功做到每個步驟，家長都可給予欣賞和讚許，令孩子有成功感。

我可以幫手
開飯

資料提供：呂蔚昕 / 一級註冊職業治療師

為培養孩子獨立自理的能力，家長應從小讓他們自己完成不同的任務。除可讓幼兒學習自己進食之外，家長也可訓練孩子在開飯前幫忙準備餐具，建立他們的責任感。以下職業治療師會為家長教路，讓孩子能夠成為家中的得力小幫手！

個案：

姓名：小悅　年齡：3 歲

　　3 歲的小悅平時要媽媽三催四請，才願意到飯桌前吃晚飯；媽媽不希望女兒養成這個壞習慣，所以希望她能幫忙開飯，但又不知從何入手。

分工合作 鼓勵幫忙開飯

　　職業治療師呂蔚昕表示，吃飯是家長和孩子每天重要的親子時光，家長首先要培養孩子坐定定吃飯的習慣，如吃飯前關掉電視、將玩具收好，讓孩子知道是時候準備開飯。然後家長應逐步訓練孩子參與開飯的過程，如先觀察家長怎樣做，再鼓勵孩子與父母分工合作，父母可將毛巾洗好後，讓孩子將桌子抹乾淨；讓孩子將碗筷遞給父母放在桌上等，最重要是令整個過程開心和有意義，孩子便會願意參與。

幫手開飯 Step by step

Step: 1

開水將抹布弄濕，如孩子不夠力，家長可以協助將抹布扭乾，準備用來抹桌子。

Step: 2

用濕布將桌子抹乾淨。

Step: 3

家長與孩子一起到廚房拿出需要用的餐具。

Step: 4

家長將碗遞給孩子，放到指定位置。

Step: 5

將筷子逐雙放在每個碗旁邊。

TIPS: 建立愉快經驗

1. 訓練孩子幫忙開飯時，應使用一些較輕身的膠製餐具，孩子會較容易掌握，也能確保安全。
2. 家長應降低期望，不能預期孩子能事事做到完美，反而應鼓勵他們多作嘗試，建立自信心，並建立愉快的經驗。
3. 除幫忙開飯外，家長也可讓孩子在飯後嘗試收拾和清理，逐步讓他們掌握不同的任務。

我要學識
沖茶飲

資料提供：黃文儀 / 英國認證遊戲治療師

在孩子成長的過程中，父母總希望他們能成為有禮貌的小朋友，例如看到別人會打招呼。當孩子逐漸長大，若有客人來訪家中，孩子幫忙端上溫暖的茶，相信能令親朋戚友紓緩疲累，心中充滿暖意。

個案：

姓名：詠詠　年齡：9歲

媽媽認為女兒子詠詠已大個女，當有客人或親戚到家裏探訪時，可以協助自己，為別人沖茶招呼客人，做個有禮的小朋友。但女兒不太明白沖茶與禮貌的關係，覺得有點麻煩。

探討何謂有禮行為

家長希望孩子成為有禮貌的小達人，學沖茶招呼客人是其中一種表現方式。遊戲治療師黃文儀表示，孩子可能會覺得「為甚麼沖茶就等如對人有禮貌？」家長可先與孩子探討，甚麼是有禮貌的行為，例如微笑、打招呼等。然後從生理角度出發，家長可解釋若客人到訪家中，他們離開家後經過一段路程才到達，可能會感到口渴，此時若端上一杯茶，能令客人滋潤喉嚨，令孩子明白此行為背後盛載對他人的關心。

沖茶 4 部曲

Step: 1

家長可先與孩子到超級市場，一起選購茶葉茶
包，增加孩子的投入感。

Step: 2

回家後可讓孩子聞不同茶包的香味，若是購買水
果茶，也可與孩子一同試茶。

Step: 3

為孩子準備溫水，加入茶包，泡茶後倒進杯中。

Step: 4

孩子端茶給客人時，可讓孩子介紹果茶的口味，
拉近與孩子的關係。

TIPS: 性格內斂孩子該怎辦？

1. 孩子若屬於性格內斂、慢熱類型，一開始就要求他們為陌
   生客人沖茶及端菜，由於與不相熟的客人距離過近，孩子
   可能會做不到。

2. 家長應按小朋友的個性，商量有禮貌行為的底線，例如遇
   見父母認識，但孩子不認識的人時，小朋友宜最低限度也
   要打招呼。

我要做
麥皮早餐

資料提供：李杏榆 / 註冊營養師

　　早上出門匆忙，許多家長都會選擇為小朋友準備方便快捷又健康的早餐，而麥皮就是個好選擇。而如此簡單的早餐食品，小朋友也可以嘗試自己做！以下由營養師會提醒小朋友做麥皮作早餐時，需要注意的事項。

個案：
姓名：小樂　　年齡：4 歲
　　小樂的媽媽每天都會為他準備早餐，其中一樣經常做的就是麥皮。一天，小樂希望自己動手做一碗麥皮，媽媽也想讓小樂嘗試入廚的感覺，但又怕他弄得一團糟。

無火煮食較安全

　　小朋友做麥皮作早餐，家長可選擇即食麥片，用熱水沖開就可以食用，這樣小朋友便不用接觸到火，相對明火煮食較為安全。營養師李杏榆表示，就讀幼稚園的幼兒都喜歡玩煮飯仔遊戲，對烹飪會產生興趣，做麥皮是讓小朋友初嘗烹飪的好開始。在家長的協助下，小朋友都能夠自己動手做一碗麥皮。

整麥皮 Step by Step

Step: 1

洗乾淨雙手，便可以將麥片從容器中舀進碗中。

Step: 2

倒入熱水，如家長擔心安全問題，可以從旁協助。

Step: 3

加入牛奶或豆漿拌勻，為麥皮增添滋味。

Step: 4

再放上喜歡的配料如水果、穀麥脆片等，就完成一碗美味的麥皮了。

TIPS: 增加滿足感

1. 在孩子剛開始學習煮食時，家長可幫助孩子預備所需的材料，他們只需要將材料放進去，並拌勻便可，這樣有助增加他們的滿足感。當孩子的能力有所提升，家長便可以逐步增加他們參與的步驟。

2. 家長可以在煮食完成後，請孩子幫忙收拾，培養他們的責任感。

我可以
自己整啫喱

資料提供：陳香君 / 資深註冊社工

　　如今很多家庭的孩子都是獨生子女，倍受父母寵愛，造成很多學前兒童從來沒有自己製作過食物。但原來讓孩子學習自己製作食物，是會有意想不到的好處！以下由專業社工講解孩子學懂自己製作食物的好處，以及如何讓孩子成為能幹的自理小達人。

個案：

姓名：小琛＆小朗

年齡：5歲、3歲

　　小琛今年5歲，弟弟小朗今年3歲，媽媽眼看兩個小孩慢慢長大，兩兄弟常為不同的事情而爭吵，經常你爭我奪，令媽媽十分煩惱。媽媽希望能夠安排些活動，讓他們學習合作與分享。

烹煮食物好處多

　　專業社工陳香君表示，小朋友自己弄食物有很多好處，首先可訓練他們的小手肌控制，如攪拌、水量等，同時能訓練其判斷能力。另外，小朋友在弄食物的過程中，可為他們帶來感官上的刺激，如味覺能嚐到食物的味道、嗅覺能嗅烹煮食物時的氣味、雙手認識食材特性等。同時，當小朋友能夠烹煮自己不喜歡的食物，也能夠改善他們的飲食習慣，因為他們會因自己親手烹煮而感到開心，自然地也會吃得多。

學整啫喱 5 部曲

Step: 1

打開包裝，將啫喱粉倒進大碗內。

Step: 2

加入適量熱水，家長可以在旁協助。

Step: 3

用湯匙攪拌，至啫喱粉全融化。

Step: 4

用湯匙把啫喱水舀至啫喱杯盛滿。

Step: 5

將啫喱杯放入雪櫃內冷藏數小時，即可享用。

TIPS: 學習與人分享

　　很多家長認為，教自己的小朋友學會分享是件非常困難的事。陳香君表示，小朋友弄食物除了能增加自理能力，更可讓孩子學習與人分享。因為小朋友在烹煮食物後，便可將成果邀請別人一起食用，同時建立社交技巧，使他們享受「分享」的樂趣。

小朋友烹煮食物後，可以學習分享予他人。

我要學
入枕頭套

資料提供：馮依琳 / 職業治療師

如今很多家庭的孩子都是獨生子女，備受家長的寵愛，很多小朋友都不用做家務，缺乏自理能力。如果家長能從小給予孩子一些小任務，例如學習入枕頭套，不但可以鍛煉手眼協調，也有助培養獨立能力。

個案：

姓名：小燊　　年齡：6歲

今年6歲的小燊過往一直由媽媽幫忙入枕頭套，最近小燊年紀漸長，對很多事物也感到好奇，偶爾也會自己做一些簡單事情。最近，他見到媽媽更換枕頭套，嚷着要自己一試。現在就開始動手吧。

將任務簡化

開始時，家長可以先把任務簡化，使任務要求調節到孩子可應付的程度。例如：開始練習時，先用細小的小童枕頭和較寬大的枕頭套，容易拉出和套入；先從枕頭套內取出枕頭，然後練習放入。

換枕頭套 4 部曲

Step: 1

家長先示範一次，把每一個步驟精簡、清楚及慢慢地展示給孩子看，讓孩子明白要求。

Step: 2

先把枕頭套鋪平。

Step: 3

一手握枕頭一手握枕頭套，把枕頭穿入枕頭套內。

Step: 4

一次左一次右提起枕頭套，重複做以上動作，直到枕頭穿入枕頭套的盡頭。

TIPS: 多給予練習機會

1. 家長可以將活動細分為一連串的簡單步驟，進行連扣式訓練，每次讓孩子練習一至兩個步驟，其餘步驟由成人協助，然後逐步增加孩子自行完成的步驟。

2. 對於學習能力較弱的孩子，家長可以使用倒序式連扣法，先學習最後步驟，然後慢慢學習前一步，直到獨立完成活動，可以令孩子快些見到成果，提升學習動機和自信心。

3. 家長應該以身作則多參與家務活動，以身教讓孩子明白自理的重要性，使活動融入生活之中，建立良好習慣。

4. 家長應多給予孩子不同練習機會，加以鼓勵和肯定，孩子便容易掌握技巧和建立自信心。

我要學識
掛衫

資料提供：馮依琳 / 職業治療師

　　約 4 至 6 歲的孩子就可以開始學習掛衫，在這階段的認知及小肌肉發展可以應付得到。在訓練前，家長要先了解孩子的手指力、靈活性、雙手協調能力和上肢控制。家長可以先透過不同小遊戲先建立基礎能力，如玩泥膠、穿珠仔、幫公仔穿衣服遊戲等。

個案：

姓名：小朗　　年齡：4 歲

　　今年 4 歲的小朗最近開始建立自己穿衣服的風格，喜歡從衣櫃拿出不同的衣服和褲子，但試完後又不懂得將衣服掛好，放在床上亂作一團，所以媽媽就想訓練小朗學習掛衫。

先建立基礎能力

　　家長可以先把掛衫活動簡化，使活動要求調節到孩子可應付的程度。家長可以按孩子的能力，選擇合適大小尺碼的衣架和不同質料及款式的衣物來練習，如先掛開胸拉鏈背心，讓孩子能初步掌握基本技巧，建立信心和成功感。

學掛衫 4 部曲

Step: 1

家長先示範一次，把每一個步驟精簡、清楚及慢慢地展示給孩子看，讓孩子明白要求。

Step: 2

先把上身衫鋪平。

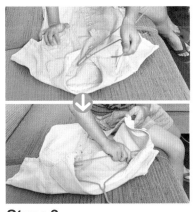

Step: 3

一手握衣架一手握衫袖，把衣架套入衫袖裏，把左右兩邊套好。

Step: 4

最後扣上鈕扣就完成。

TIPS: 使用倒序式連扣法

1. 家長可以將活動細分為一連串的簡單步驟，進行連扣式訓練，每次讓孩子練習一至兩個步驟，其餘步驟由成人協助，然後逐步增加孩子自行完成的步驟。

2. 對於學習能力較弱的孩子，家長可以使用倒序式連扣法，先學習最後步驟，然後慢慢學習前一步，直到獨立完成活動，可以令孩子可快些見到成果，提升學習動機和自信心。

3. 家長不要期望孩子能會做得很完美，只要孩子成功做到每個步驟，家長都可給予欣賞和讚許，令孩子有成功感。

1 至 2 歲
可學穿褲子

資料提供：黃佩蓮 / 基督教香港信義會祥華幼稚園校長

對於成人來說，穿着褲子當然不感困難，但對於 1 歲多的孩子來說，自行穿着褲子就並不簡單了。要把褲子穿好，必須要身體各部位協調，才能夠穿得整齊，家長可以準備簡單的訓練給孩子，並多示範給他們模仿，多練習及觀察，孩子很快可以掌握穿褲子技巧。

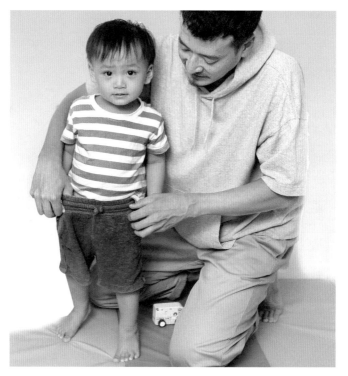

穿褲子發展進程

年齡	穿褲技巧
30個月	懂得拉起內褲及長褲(未懂得扣起褲頭)
3歲	懂得脫去及穿上褲子及內褲

1歲多可以練習

　　基督教香港信義會祥華幼稚園黃佩蓮校長認為，在孩子1歲多至2歲之間，便可以開始教孩子穿褲子技巧。她建議家長在進行如廁訓練期間，同時教授孩子學習自行穿褲子。

事前準備按部就班

- 初學穿褲子時，先讓孩子學穿短褲，因為較易看到褲管，熟習後才穿長褲；
- 初時不要以牛仔褲來學習，宜選擇彈性布料或棉質製造的褲；
- 由於初期孩子未必懂得辨別褲子的前後，家長可以選擇前面有公仔款式的褲，或是一些沒有分前後款式的褲；
- 孩子年幼，平衡力較弱，家長可以先讓他們坐下，當雙腳穿入褲管後，再站起來把褲子拉上；
- 不要刻意練習，應在有動機時進行練習，例如趁如廁後或是更換衣服時，並且應在不趕時間的時候練習，在輕鬆、愉快的環境下進行，才能事半功倍。

從遊戲中練習

　　除了用真實的褲子給孩子學習如何穿褲子外，家長也可以利用些小道具給孩子進行練習，讓他們熟習穿褲子的動作。

練習1：穿膠圈

　　家長可以準備一個大小能夠讓孩子穿過的膠圈，然後把膠圈放在地上，請孩子逐一把雙腳踏進膠圈內，慢慢彎腰蹲下去，把膠圈拉上來，動作猶如穿褲子。

練習2：穿繩圈

　　家長準備一個大小能讓孩子穿過的繩圈，把繩圈放在地上，請孩子逐一把雙腳踏入繩圈內，慢慢彎腰蹲下去，把繩圈拉起，孩子完成這套動作，就如穿上褲子一樣。

學習穿褲步驟

Step: 1

準備姿勢，坐着。

Step: 2

雙手用拇指及食指外側抓握褲頭的兩旁，將褲放好，褲面向外，褲頭向上，褲管口向下。之後將褲頭向外拉開。

Step: 3

彎腰向前，提起一隻腳穿入褲管，並從褲管口穿出。

Step: 4

提起另一隻腳，穿入另一隻褲管，由褲管口穿出。

Step: 5

雙手抓着褲頭，褲子套在腿上。

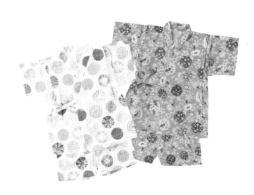

門市地址：

將軍澳坑口店：將軍澳常寧路厚德邨TKO Gateway東
一樓E163號舖

荃灣愉景新城店：荃灣青山公路荃灣段398號愉景新城2樓
2039-40號舖

旺角東店：香港九龍旺角東站MKK14號舖

千色專櫃（馬鞍山）：馬鞍山鞍祿街18號新港城中心三樓千
色店嬰兒部

千色（荃灣）：香港新界荃灣地段301號荃灣千色匯II 1樓
千色店嬰兒部

千色CITISTORE 將軍澳 I 元朗

Step: 6

站起來，雙手抓握褲頭向上拉至腰間。單手或雙手向後伸，提握後面的褲頭，並向上拉至腰間。

Step: 7

將褲拉好至整齊。

提升身體各部位協調能力

黃佩蓮校長表示，教導孩子學習穿褲子，可以加強他們的認知能力，學習如何把褲子穿上。另外，穿上褲子並不只是把褲子拉上，同時能夠提高身體各部位的協調性。從用手抓握褲子，把褲子拉上的過程，能夠增加手指的靈活性，加強整體的協調性。

此外，可以增強感知能力，學習如何辨別褲的不同名稱，例如牛仔褲、長褲、短褲、吊帶褲等。當孩子用腳穿入褲管時，亦可以刺激他們的感覺，可以感覺不同質料的褲，同時可以認識不同顏色，加強認知能力。

別介意是否完美

- 家長別介意孩子是否能夠把褲子穿得完美，特別是初學自己穿褲的孩子，小小年紀，能力尚未發展成熟，他們能夠自行穿上褲子已經十分難得，最重要是過程，孩子能夠自行把褲子穿上；
- 對於初學習自行穿褲的孩子來說，辨別褲子的前後可能會感到困難，家長可以先準備一些沒有分前後的褲子給他們用來學穿，當孩子技巧熟練後，才教他們如何辨別褲子的前後；
- 父母可以多為孩子作示範，給他們模仿如何穿褲子，當孩子觀察多了，便更易掌握穿褲子的技巧，他們很快便能夠自行穿褲子。

白因子長效防蚊噴霧

歐美暢銷驅蚊成份

PICARIDIN

使用 Picaridin 派卡瑞丁
歐盟及美加國際權威推薦的驅蚊成份

- 有助預防寨卡、登革熱、日本腦炎
- 有效驅除一般蚊子、斑蚊、小黑蚊等
- 幼兒 6 個月或以上適用
- 長效 8 小時
- 英國製造

夏天至初秋
最啱學着衫

資料提供：黃佩蓮 / 基督教香港信義會祥華幼稚園校長

教孩子自己穿衣服，最好選擇在夏天至初秋，這樣家長便不用擔心他們着得慢而着涼，而且短袖且薄的衣服較容易穿，給孩子較大成功感。而最重要是家長能持之以恆地與孩子練習，引起他們學習的興趣，孩子便可以很快掌握自行穿衣的技巧了。

引起學習動機

家長可能會問幾多歲教孩子自行穿衣最適合？其實在孩子 1 歲半至 2 歲便可以開始學習，這階段的孩子小肌肉發展良好，有足夠能力可以抓握東西。家長教孩子自行穿衣的第一步，並不是急於求成，要他們立即自行把衣服穿上，而是應該先引起他們學習的動機，令其對學習穿衣產生興趣，家長可以選擇孩子喜歡的衣服，以遊戲的方式讓他們嘗試自己穿衣。

持之以恆練習

孩子能否自行穿衣，並不是一下子可以成功，必須持之以恆練習，家長可以在孩子每次沐浴後或上街前給其練習，練習必須有動機而非刻意的。給孩子練習的衣服最好是具彈性及寬鬆的款式，因為具彈性及寬鬆的衣服他們較易穿着，千萬別選牛仔布料的衣服。當孩子能夠自行穿着後，便能夠增加他們的成功感，孩子便有興趣繼續嘗試及練習。

按能力練習

不同年齡的孩子，他們的能力各有不同，家長可以參考以下的圖表，按孩子的年齡、能力來訓練。

年齡	穿衣技巧
4個月	把衣服拉至臉上
10個月	幫他穿衣服時，他會嘗試幫忙，如伸出手或腳等
18-24個月	拉拉鏈(上及落)
28個月	在幫忙下懂得穿衣服及脫衣服
36個月	懂得脫去開胸毛衣或外套
40個月	懂得穿上過頭笠的衣服或運動衫，亦會嘗試拉拉鏈
48個月	懂得穿衣服及脫衣服，但拉拉鏈及扣鈕等較難的動作則需要幫助
51個月	若衣服平放在地上或桌上，懂得拉拉鏈及扣鈕
53個月	懂得扣上自己穿着的衣服大部份鈕或拉上拉鏈
56個月	穿衣服或脫衣服，不需要別人幫助

提高自信心

訓練孩子自行穿衣服，除了加強他們的自理能力外，更可以為其帶來不同的好處：

✔ 能夠提高孩子的自信心；
✔ 培養孩子的獨立性；
✔ 當孩子能夠自行穿着衣服時，能夠為其帶來成功感；
✔ 學習穿衣服能加強孩子的肢體協調；
✔ 穿衣服對成人而言是簡單的事，但對孩子來說並不是容易的事，他們需要思考先後次序，才能把衣服穿上，這樣能夠培養他們的邏輯思維；
✔ 能夠加強孩子的解難能力。

有目的地練習

當家長訓練孩子穿衣服時，有些地方需要注意及避免的，以免令他們失去學習的興趣。

1. 避免為着而着

家長在訓練孩子時，不要為着而着，例如在沐浴後或上街前進行練習，這樣便是有目的練習的好時機，他們練習都會較投入及感興趣。

2. 避免冬季練習

盡量選擇在夏季初秋進行練習，因為衣服較易穿，而且不用擔心他們會着涼。如果在冬季進行練習，便應開啟暖爐，避免孩子着涼。

3. 避免趕忙

初學穿衣服，孩子需要較長時間，家長必須給予足夠時間他們練習，否則當家長着急時，便可能會責罵孩子，最後影響大家關係，亦影響他們學習的興趣。

4. 避免責罵

孩子不可能一下子把衣服穿妥，家長應該多鼓勵他們，避免責罵。

家長可以給一些有鈕扣的衣服或玩具給孩子練習，嘗試自行扣鈕。

自行穿衣 Step by Step

教孩子自行穿衣並不困難，只要家長有耐性，給予他們足夠時間練習，讓其感到有趣，便很容易學會。

Step: 1

家長可以協助孩子把衣服先套在他們的頭上。

Step: 2

家長提示孩子把衣服從頭上拉下來，先置於頸肩位置。

Step: 3

家長提示孩子先把右手從衫袖伸出來。

Step: 4

家長再提示孩子把左手從衫袖伸出來。

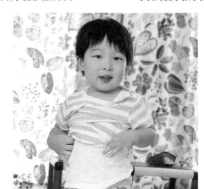

Step: 5

家長提示孩子把衣服向下拉好。

2 歲開始

準備學扣鈕

資料提供：黃佩蓮 / 基督教香港信義會祥華幼稚園校長

很多衣服都有扣鈕的設計，不過，幼童扣解鈕扣需要多個基本能力配合方能有效做出表現。家長可通過一些動作訓練活動來逐步加強幼童基本的扣鈕能力，慢慢教導出他們穿扣的技巧。

增信心練專注力

黃佩蓮校長表示，孩子學習扣鈕好處多，可以訓練手眼協調、增加自信心、加強自理能力、訓練專注力，因為扣鈕時需要尋找鈕扣，又要很有耐性才能扣到，有時在最後步驟，孩子抓握鈕扣抓握得不好，不能把鈕扣拔出來，可能會失敗，但若家長鼓勵孩子再嘗試，最後成功扣到，孩子便會更有自信，同時更可鍛煉孩子的毅力和耐性。

解鈕較扣鈕容易

然而，扣鈕的動作對幼童來說是比較困難的，黃校長預算，孩子要到接近 5 歲時才能完全由自己扣鈕，但當然有個別差異。而解鈕較扣鈕容易，有時，稍為用力一拔，便連鈕扣也飛脫。也許幼童 3 歲時會做到解開大鈕扣的動作表現，4 歲半左右能夠扣上和解開中型鈕扣 (直徑約 1.5 厘米)。

2 歲可開始訓練

黃校長表示，成人教導幼童自理，並非等到幼童自己能夠完全做到時才去教的，而是在幼童 3 歲之前，有前期的準備可做。

黃校長認為，在幼童 2 歲時，可開始慢慢教導，成人可把扣解鈕扣的步驟拆細，要解鈕時，在最後一個步驟讓幼童把半離開鈕門的鈕扣推出鈕門；要扣鈕時，在最後一個步驟讓幼童把半穿入鈕門的鈕扣拔至完全穿過鈕門。注意，家長要用較大的鈕扣來讓幼童學習。

在教導幼童扣解鈕扣動作時，成人可提供一些小肌肉訓練，例如讓幼童把硬幣投入錢罌，使他們知道如何令扁的東西穿過罅隙。投幣活動訓練主要是提升幼童視覺動作協調、手指靈活度，以及拇指與食指指面、指尖抓握動作能力。黃校長指出，其實錢罌可以不買，可自製盒子，譬如在面紙盒上弄一條罅隙，即可放入許多東西。dd

3 訓練循序漸進

訓練 1：串雪花片

因為鈕子一般也是扁的，通過拼砌雪花片，幼童能學習抓握扁的東西，黃校長表示，串雪花片動作有點像扣解鈕扣動作，扣解鈕扣所需要的 4 個基本動作能力──拇指和食指指面與指間抓握、雙手交替協調、視覺動作協調，以及手指靈活度，串雪花片也需要用到。

訓練 2：硬幣穿過衣服鈕門

以硬幣或額外的鈕扣穿過衣服上的鈕門，這是模仿扣解鈕扣時鈕扣穿過鈕門的動作。

訓練 3：扣解衣服鈕扣

接着是實際穿上衣物後扣解鈕扣訓練，跟「訓練 2」的差別在於鈕扣固定在衣物上，因此，抓握能力要更進一步方能做出表現。

串雪花片的動作，猶如扣解鈕扣的動作。

多作鼓勵和讚賞

　　讓幼童學習扣鈕時，家長需提供足夠時間予他們練習，例如冬季校服校褸有鈕扣，可在早上早些起床讓幼童扣鈕，多練習，便會熟能生巧。

　　家長亦要多作鼓勵和讚賞，例如讚幼童抓握鈕扣抓握得非常好，推過鈕門時，另一隻手又懂得拔它出來，做得很好……一直以具體讚賞來建立扣鈕的正確方法。

扣鈕步驟逐格睇

Step: 1
穿上開胸衫。

Step: 2
將開胸衫拉開，衫腳對齊。

Step: 3
讓鈕扣和鈕門對稱排好。

Step: 4
一手以拇指和食指抓持並翻開鈕門邊，另一手以拇指和食指持着鈕扣，將鈕扣對準鈕門並推入。

Step: 5
原本持鈕門邊的手改持半穿入鈕門的鈕扣，原本持鈕扣的手則改持鈕門邊，雙手分別向左右兩邊拉，至鈕扣整粒穿過鈕門。

Step: 6	**Step: 7**	**Step: 8**
原本持鈕扣的手抓持下一個鈕門的邊。	重複步驟 4 至 6，逐粒扣鈕。	把最後 1 粒鈕子扣穩。

教扣鈕貼士

- 幼童學習扣鈕時，坐着較站着為佳，因為身體不會左右搖動。
- 教扣鈕時，要盡量減少環境刺激，若家中多嘈雜聲，會影響幼童接收信息。
- 最好配合生活環境來教導，譬如外出前、洗澡後要穿衣，在這樣的情況下教扣鈕，會令幼童覺得扣鈕是有用的，便會增加學習的興趣。
- 要令幼童有興趣學扣鈕，提供扣鈕玩具也是辦法之一，幼童當作玩耍便會開心。
- 讓幼童玩大串珠，亦可作為教扣鈕前的訓練，因有關玩意能讓幼童知悉要穿過一些孔，又能加強手眼協調。
- 玩泥膠、做家務如按壓衣夾等，能令手指靈活，亦會有助幼童較易做精細動作如扣鈕。

玩大串珠也可作為學扣鈕前的訓練活動。

83

學着襪除襪
用小膠圈訓練

資料提供：黃佩蓮 / 基督教香港信義會祥華幼稚園校長

　　小朋友 1 至 2 歲這階段，他們可以學習自行脫襪子，到了 2 至 3 歲的階段，他們可以學習自行穿襪子。家長可以先為小朋友準備小膠圈練習穿及脫襪的動作，當他們熟習後，便可以正式學習穿及脫襪的技巧，這樣便可以更快掌握了。

加強自信心

　　教導小朋友自行穿及脫襪子，除了令他們學會自己穿及脫襪子的技巧外，對於小朋友的成長都有幫助。黃佩蓮校長表示，透過教導小朋友學習穿及脫襪子，當他們能夠成功完成動作後，可以加強其自信心，同時可以提高小朋友的手眼協調能力。

　　穿及脫襪子時，小朋友需要先認識襪子的不同部份，以及腳的不同部位，這樣可以提升其認知能力。此外，當小朋友能夠自己穿及脫襪子時，能夠帶給他們滿足感及成功感，這會成為一種推動力，令小朋友以後有興趣自行穿及脫襪子之餘，亦有興趣學習自行處理其他事情，這樣便能夠加強他們的自理能力、責任感及自信心。

事前訓練

正式訓練小朋友學習穿及脫襪子前，家長可以為他們準備一個能讓其一隻腳穿過的小膠圈，安排小朋友進行事前訓練，先學習穿及脫膠圈，熟習後再學習穿及脫襪子。

A. 穿細膠圈

目的：訓練穿襪子時所需要的動作模式：以雙手抓握襪管套在腳上。

準備姿勢：小朋友坐在地上，背靠着牆或穩固的家具，屈起一隻腳，使雙手能伸展至腳趾，家長可以坐在小朋友旁邊。

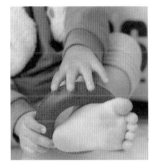

訓練程序：家長先在小朋友身上試做以下的動作模式，然後指示小朋友重複這些動作：

- 雙手握着細膠圈套在腳上，然後向上拉至小腿，於套上時説：「套上去！」
- 於另一隻腳上重複以上程序。

B. 脫細膠圈

目的：訓練脫襪時所需要的動作模式：以拇指插入，並抓握襪管口，將襪從腳上脱下來。

準備姿勢：小朋友坐在地上，背靠牆或穩固的傢具，屈起一隻腳，使雙手能伸展至腳趾，家長可以坐在他們旁。

訓練程序：家長首先將細膠圈套在小朋友的腳上，然後試做以下動作模式，最後指示小朋友重複這些動作：

- 用拇指從後面向下勾着細膠圈，然後向上推離腳部。於向下推時説：「除出嚟！」
- 於另一隻腳上重複以上動作。

除襪子步驟

Step: 1

準備姿勢：坐着，屈起其中一隻腳。

Step: 2

用拇指從後面插入襪管口。

Step: 3

拉開襪管口，然後將襪向下推至腳跟。

Step: 4

將襪管口推過腳跟。

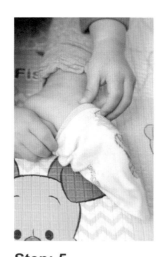

Step: 5

將襪管口向前推離腳部。

Step: 6

抓緊襪頭，將襪向前拉離腳部。

穿襪子步驟

Step: 2

將襪管口拉開。

Step: 3

雙手將襪管口套在腳上。

Step: 1

準備姿勢：屈起其中一隻腳。用拇指及食指抓握襪管口，將襪子放好，如有需要先將襪子分左右擺放，襪面向外，襪頭或襪跟的底線在內，襪管口向上，襪跟向下靠近身體。

Step: 4

用拇指及食指捏着襪管的兩旁，將襪管口逐漸拉向腳跟。

Step: 5

用拇指插入腳跟下的襪管口，將襪管口拉過腳跟。

注意事項

- 必須先教導小朋友學習脫襪子，之後才學習穿襪子；
- 用作訓練穿及脫襪子技巧的膠圈，可以先用小膠圈，當小朋友熟習技巧後，可以提升難度，再用粗橡皮圈，之後再嘗試用幼橡皮圈進行訓練；
- 家長宜挑選些能清楚辨別襪頭、腳跟的襪子，最好是這些部位有特別的顏色，這樣小朋友易於分別，便易於學習；
- 最初可以先學習穿沒有腳跟款式的襪子，之後才學習穿有腳跟款式的襪子；
- 練習可在有需要時進行，例如準備外出，剛外出完回家，這樣可以增加學習動機。家長應該預留充分的時間給小朋友練習；
- 家長謹記工多藝熟，千萬別操之過急，最重要是給予機會小朋友練習；
- 當小朋友能夠成功完成後，家長可以給予讚賞作鼓勵。

用帆船鞋練習
穿鞋除鞋

資料提供：黃佩蓮 / 基督教香港信義會祥華幼稚園校長

　　孩子踏入 2、3 歲，家長可以安排他們進行不同自理訓練，其中一項便是訓練他們自行穿及除鞋子。訓練初期，家長可以為他們準備帆船鞋或拖鞋來練習，先學習除鞋，再學習穿鞋。家長謹記不要刻意進行訓練，在有需要時讓孩子嘗試，這樣便能事半功倍。

身體協調運用

　　教導孩子自行穿及除鞋，除了令他們學會自己穿及除鞋的技巧外，對於孩子的成長都有幫助。根據黃佩蓮校長表示，透過教導孩子學習穿及除鞋，當他們能夠成功完成後，可以加強其自信心，同時也可提高孩子的手眼協調能力及身體協調運用的能力。

　　穿及除鞋時，孩子需要先認識鞋的不同部份，以及腳的不同部位，這樣可以提升其認知能力。此外，當孩子能夠自己穿及除鞋時，能夠帶給他們滿足感及成功感，能夠成為一種推動力，令孩子以後有興趣自行穿及除鞋之餘，亦有興趣學習自行處理其他事情，這樣便能夠加強他們的自理能力、責任感及自信心了。

事前訓練

正式訓練小朋友學習穿及除鞋前,家長可以為他們準備一個能讓其一隻腳穿過的小膠圈,安排小朋友進行事前訓練,先學習穿及除膠圈,熟習後才學習用拖鞋或帆船鞋穿及除鞋。

A 穿細膠圈

目的:訓練穿鞋時所需要的動作模式——以雙手抓握鞋口套在腳上。

準備姿勢:小朋友坐在地上,背靠着牆或穩固的家具,屈起一隻腳,使雙手能伸展至腳趾。家長坐在小朋友旁邊,作口頭或觸體協助。

訓練程序:家長先在小朋友身上試做以下的動作模式,然後指示小朋友重複這些動作——

- 雙手握着細膠圈套在腳上,然後向上拉至小腿,於套上時說:「套上去!」
- 於另一隻腳重複進行以上程序。

B 脫細膠圈

目的:訓練除鞋時所需要的動作模式——以拇指插入,並抓握鞋口,將鞋從腳上除下來。

準備姿勢:小朋友坐在地上,背靠牆或穩固的家具,屈起一隻腳,使雙手能伸展至腳趾。家長坐在他們旁,作口頭或觸體協助。

訓練程序:家長首先將細膠圈套在小朋友的腳上,然後試做以下動作模式,最後指示小朋友重複這些動作——

- 用拇指從後面向下勾着細膠圈,然而向上推離腳部,於向下推時說:「除出嚟!」
- 於另一隻腳重複進行以上動作。

除鞋訓練步驟

Step: 1

孩子坐着，屈起一隻腳，如有鞋帶或鞋扣的話，
需先行解開。

Step: 2

以單手抓握鞋跟，然後向下推離腳跟。

Step: 3

以單手握着鞋跟向下推，另一隻手握着鞋頭向
上拉，直至鞋跟脫離腳跟。

Step: 4

提起腳，脫離鞋子。

穿鞋訓練步驟

Step: 1

孩子坐着，屈起一隻腳。

Step: 2

將鞋子放好，鞋口向上，鞋底平放在地上。鞋頭向前，鞋跟靠近身體。將左右鞋放好，鞋拱向着中央，如有鞋扣的話，向外側及將它解開。

Step: 3

雙手用拇指及食指外側握着鞋口兩旁，提起腳，穿入鞋跟。

Step: 4

用食指插入鞋跟，向外拉開。

Step: 5

腳趾向前伸至鞋頭。

Step: 6

配合食指勾着鞋跟向上拉起的動作，腳跟踩入鞋跟。

注意事項

- 小朋友在自理學習過程中，較容易掌握除鞋技巧，但家長仍可以同步教導小朋友學習除鞋及穿鞋的技巧；
- 用作訓練穿及除鞋技巧的膠圈，可以先用小膠圈，當小朋友熟習技巧後，可以提升難度，以拖鞋來練習，之後才用棉布鞋或帆船鞋進行訓練；
- 練習可在有需要時進行，例如準備外出、剛外出完回家，這樣可以增加學習動機；
- 家長應該預留充分的時間給小朋友練習；
- 家長謹記工多藝熟，千萬別操之過急，最重要是給予機會小朋友練習；
- 當小朋友能夠成功完成後，家長可以給予讚賞作鼓勵，增加他們學習的興趣。

學綁鞋帶
令小手更靈活

資料提供：黃佩蓮／基督教香港信義會祥華幼稚園校長

　　現時很多家長會為孩子購買不用綁鞋帶款式的鞋子，所以，很多孩子即使上了小學也不懂得綁鞋帶。學習綁鞋帶看似是無關重要的事，學不懂也沒有大影響。但其實綁鞋帶、穿鞋帶及解鞋帶也有很大學問，孩子透過學習這三方面技巧，能夠加強他們手眼協調能力，使小手更加靈活。

5 歲開始學習

　　學習綁或解鞋帶及穿鞋帶對於年幼的孩子來說會較困難，所以，黃佩蓮校長建議家長可以在孩子 5 歲開始教授他們這三方面的技巧。雖然近年家長多為孩子購買黏貼款式的鞋子，令孩子綁鞋帶的機會減少，大家開始不再重視學習綁鞋帶的重要性，但事實上綁或解鞋帶及穿鞋帶屬於高階精細的動作，如孩子能夠學懂對他們來說有很大好處，能夠加強孩子的手眼協調能力、提高認知能力、學會順序、培養耐性、令手指更靈活。

認知、體能同增強

　　讓孩子學習穿鞋帶、綁及解鞋帶，需要的元素可歸納為感知／認知及體能兩方面，他們學習穿鞋帶、綁及解鞋帶，便可以增加這兩方面的能力。

穿鞋帶

Step: 1
準備姿勢,把鞋子及鞋帶準備妥當。

Step: 2
將鞋子放在地上,鞋口向上,鞋頭向前。

Step: 3
單手用拇指及食指捏着鞋帶的一端,另一隻手翻開鞋翼,將鞋帶從底部穿入最近鞋頭的鞋孔。將鞋帶由鞋面拉出。

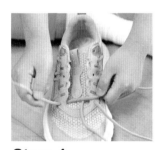

Step: 4
單手抓握鞋帶的另一端,另一隻手翻開另一邊的鞋翼,將鞋帶從底部穿入最近鞋頭的鞋孔。將鞋帶由鞋面拉出。

Step: 5
雙手分別抓握鞋帶的兩端,將它們向上拉至同一長度。

Step: 6
單手抓握鞋帶的一端,另一隻手翻開另一邊鞋翼,將鞋帶從底部穿入第二排的鞋孔,由鞋面拉出。

Step: 7
單手抓握鞋帶的另一端,另一隻手翻開另一邊鞋翼,將鞋帶從底部穿入最近第二排的鞋孔,由鞋面拉出。雙手輪流抓握鞋帶的一端,將鞋帶順序穿過全部鞋孔。

綁鞋帶步驟

Step: 1

準備姿勢，坐着，屈起其中一隻腳。

Step: 2

雙手用拇指及食指捏着兩條鞋帶的兩端，疊成「X」形。

Step: 3

將疊在上面的鞋帶的末端繞過另一邊的鞋帶，並穿過有洞的位置。

Step: 4

雙手用拇指及食指捏着鞋帶的兩端，向左右兩邊拉，完成第一個結。

Step: 5

單手抓握鞋帶繞過另一隻手的食指，再用拇指及食指抓握鞋帶，使鞋帶摺成「^」形。

Step: 6

另一隻手將另一邊的鞋帶從前面繞過摺起的鞋帶，再穿過有洞的位置。

Step: 7

將鞋帶從有洞的位置拉出。

Step: 8

雙手分別向左右兩邊拉，便完成。

解鞋帶

Step: 1

準備姿勢，屈起一隻腳。雙手分別抓握鞋帶兩個末端，然後向左右兩邊拉，使蝴蝶結解開。

Step: 2

用食指穿入第一個結，向上挑起，使鞋帶的兩端完全分開。

注意 7 大事項

1 學習綁鞋帶初期可以使用那些教授綁鞋帶的圖書來練習；

2 當需要外出及回家時，家長可以趁這時教孩子綁鞋帶及解鞋帶，這樣孩子才有動機學習；

3 教授孩子綁鞋帶需要有恆心，必須預留足夠時間，這樣會令他們有足夠時間練習；

4 當孩子能夠自己綁或解鞋帶時，家長應該給予讚賞及鼓勵；

5 如果孩子不想綁鞋帶便不要勉強，家長不要太緊張，如果他們抗拒便下次再練習；

6 學習初期，當孩子自己綁鞋帶後，家長應該為他們檢查，看看是否太鬆或太緊；

7 家長需要耐心地解釋給孩子知道學習綁鞋帶的原因，並在有需要時練習。

1 歲半開始
可以學執拾

資料提供：黃佩蓮／基督教香港信義會祥華幼稚園校長

　　小朋友 1 歲半具抓握能力已能開始訓練他們學執拾，根據年齡執拾適合的物品，從小學習對他們成長有好處。例如可以加強他們的自理能力，更可以提升小朋友的數學概念、認識配對及辨別顏色，更可以鍛煉大小肌肉，當他們能夠完成任務後自信心也會提高。

具抓握能力可開始

　　訓練小朋友學習自己執拾物品，可以從他們 1 歲半開始進行。家長可能會認為 1 歲半是否太年幼？黃佩蓮校長表示表示，1 歲半的小朋友已經具有抓握能力，而且懂得聽簡單的指令，家長在此時教授他們執拾物品的技巧，是最適合不過的。

那麼只有 1 歲半的小朋友，家長可以教他們從執拾甚麼物品開始學習？黃佩蓮校長認為，可以請他們把自己的鞋子放在適合的位置，或者可以請他們丟掉細件的垃圾，如紙巾、紙張。黃校長補充，只要小朋友開始有抓握能力，能夠聽得懂簡單的指令，而且能夠與其他人有互動，便可以開始進行訓練。

學會自理以外的能力

訓練小朋友自己執拾物品有非常多好處，除了加強他們的自理能力外，更可以提升多方面能力。

- 在執拾的過程可以加強小朋友的手眼協調能力；
- 培養他們做事有條不紊，做事有系統的態度；
- 提高他們的解難能力；
- 提升認知能力，讓小朋友學會辨認顏色及配對；
- 鍛煉他們的大小肌肉；
- 加強小朋友的數學概念；
- 能夠提高他們的組織能力；
- 對於提升語言能力、邏輯思維有幫助；
- 當小朋友能夠完成任務後，會提升自信心；
- 學懂執拾物品，可以令小朋友更加聰明，專注力更加高，對於學習亦有幫助。

事前訓練

教授小朋友學習執拾物品前，家長可以與他們一起玩有關執拾的遊戲，灌輸他們基本的概念。

襪子配對遊戲

玩法：家長準備數對襪子，請小朋友把相同的放在一起。

好處：小朋友可以學會配對，把物品擺放妥當。

注意：家長不要用圖片作教材，宜用實物來教授小朋友，給他們親手操弄，才易於掌握及牢記。

從近至遠 6 個學習方法

　　黃校長說教授小朋友學習自己執拾物品宜因應年齡及能力，並應從處理自己物品開始學習，由近至遠，這樣才能增加他們學習的趣味。

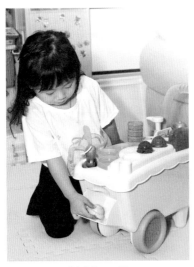

Step: 1　執拾玩具

家長應先為小朋友準備存放玩具的膠箱，以及放置玩具箱的固定位置，每次玩完玩具後，便請小朋友把玩具放回膠箱，然後把膠箱放回固定位置。

Step: 2　擺放書包

家長先為小朋友設定書包存放的位置，每天下課後，便請小朋友把書包放在固定的位置，不要隨處亂放。

Step: 3　擺放鞋子

家長可以購買一個鞋櫃，小朋友的鞋放在最低層，方便他們擺放。每次穿過的鞋，也請小朋友自行放回原位，擺放整齊。如果沒有鞋櫃，也設定一個固定放鞋的位置，每次穿過的鞋都請小朋友放回固定位置。

Step: 4　掉垃圾

家長教授小朋友應當將垃圾掉進垃圾桶，家長亦要準備一個較闊口的垃圾桶，垃圾桶要放在固定位置，方便小朋友掉垃圾。當他們年紀漸長，可以教他們學習將垃圾分類，灌輸環保概念。

Step: 5　收拾圖書

小朋友總有許多圖書，家長可以為他們準備一個書櫃或圖書箱，每次閱讀過後，便把圖書放回原位。如果用圖書箱便要設在固定位置，方便小朋友取閱及收拾，而書櫃則不宜太高，要配合他們的高度。

Step: 6　處理家務

家長可以因應小朋友的年齡，請他們協助處理家務，例如清潔餐桌、擺放碗筷，再長大一點，能力許可則可以幫忙清潔餐具。

注意事項

1 家長必須以身作側，為小朋友樹立好榜樣，把自己的物品收拾妥善；

2 家長必須給小朋友作示範，讓他們明白如何執拾物品；

3 家長需要因應小朋友的年齡及能力來教授，不要操之過急，弄巧成拙；

4 所有物品要有固定存放位置，這樣小朋友才能易於學習；

5 當小朋友完成後，家長要給予讚賞及鼓勵，可以增加小朋友對學習的興趣。

2 歲開始
學執書包

資料提供：趙詠桐 / 兒童行為分析治療師

你的孩子總是忘東忘西嗎？其實從幼兒開始上學，家長已可以培養小孩自行收拾書包的習慣，教導他們如何將物品分類及安排東西的擺放次序，並學習管理自己的物品，培養幼兒責任心及提高自理能力。

培養自行整理的習慣

幼兒日常行為表現都能反映出其自主獨立能力，兒童行為分析治療師趙詠桐表示，要養成良好習慣需要經歷「他律期」到「自律期」兩個階段。2 歲開始，幼兒會進入第一階段「他律期」，這時期讓幼兒學習和遵守基本的要求和規範。其後，進入第二階段「自律期」，幼兒會將學習的要求內化，演變成個人行為習慣。

懂理解基本語言便可培養

要提升幼兒獨立生活能力，趙詠桐指出，我們需要及早培養。當幼兒 2 歲開始，他們具有理解基本語言的能力，家長便可以教授幼兒如何執拾書包及管理個人物品。家長可以讓幼兒先學習去管理自己書包，例如讓他們自行背書包或學習將書包放在特定位置。其後，當幼兒具抓握能力，便可以讓他們學習整理自己的個人物品，並放入書包內。

收拾書包過程應多鼓勵

趙詠桐指出，讓幼兒親身感受收拾的過程，是最適合幼兒學習的方法。幼兒能否建立自主能力，也是取決家長能否給予充足時間讓幼兒過程中實踐及給予指導。幼兒 2 歲開始會對物品有「歸屬感」，家長可以着幼兒把合適物品放入書包。過程中，家長可給予幼兒口頭鼓勵及讚賞，以提升其成功感，培養自信心。

事前訓練

教授幼兒學習執拾書包前，家長可以與他們一起進行小手肌前二指的訓練及分類排列的能力，令幼兒可自行拉上書包或文件袋的拉鍊，並把適當物品放在書包內。例如存錢幣入錢罌，也是一個不錯的訓練方法。

玩法： 預備錢罌，並準備不同大小的錢幣，鼓勵幼兒利用前二指拿起錢幣，然後放入錢罌內。

注意： 若幼兒能順利完成後，可提高難度，並給予不同指令進行排列，例如先放 1 個 1 元，然後再放 1 個 2 元。

好處： 訓練小朋友前二指小手肌及排列能力。

自行執拾 3 大好處

訓練幼兒能自行執拾書包有很多好處，除了加強他們的自理能力外，更可以提升他們自身多方面能力，例如：

1. 幼兒在執拾物品時可訓練其兩手的協調，而及主力手前二指的靈活度；提升手眼協調能力，將大小物品放進書包內；訓練聆聽指令，將相關物品放入書包內；
2. 訓練幼兒的專注力及組織能力；
3. 培養幼兒獨立能力，明白「自己的事情自己做，不依靠他人」的道理。

幼兒執書包 7 步驟

趙詠桐表示，培養幼兒收拾書包能力，開始時，家長應從旁陪伴，並給予引導及教授他們學習管理及執拾個人物件，多給予讚賞及鼓勵，才能增加他們學習的興趣。建議家長可先將物品放在指定位置，然後着他們拿取後並放在托盤上。以下是她建議幼兒收拾書包 7 個步驟：

Step: 1
先觀看書包物件清單，然後鼓勵幼兒尋找物品。

Step: 2
將應放在書包內的物品自行拿取後，便放在托盤上。

Step: 3
將通告放入通告袋內，並將書本放在指定位置。

Step: 4

將已摺好的毛巾放進毛巾盒內，並將水樽放進
托盤內。

Step: 5

家長可協助幼兒打開書包，然後開始將物品放
入書包內。

Step: 6

將最大的書本放入去 ，以「由大至小」、「由
前至後」的原則，將書本在書包內排列好，並
把幼兒的體溫簿放在前格位置。

Step: 7

將書包的拉鍊拉好，確保拉鍊拉到最底位置。

收拾物品小妙招

1 家長必須給小朋友作出示範，讓他們明白如何執拾物品；

2 家長需要因應小朋友的年齡及能力來教導，並給予充足時
間，切勿操之過急，以免弄巧成拙；

3 當小朋友完成後，家長要給予讚賞及鼓勵，這樣可以增加小
朋友學習的興趣。

趁識抓握
歲半學刷牙

資料提供：黃佩蓮 / 基督教香港信義會祥華幼稚園校長

　　培養孩子自己刷牙的習慣，不是在他們長出牙齒之後才開始，在嬰兒期便要注意小寶寶的口腔衛生，家長可用紗布為其清潔口腔。孩子年齡漸長，家長便需要為他們選擇適合的牙刷及牙膏，教導孩子正確的刷牙方法，讓他們終身都能擁有美白健康的牙齒。

20 個月可學習

　　很多家長會擔心孩子自己刷牙不夠乾淨，又或是把牙刷亂用而弄傷口腔，所以遲遲不教孩子自己刷牙。黃佩蓮校長表示，當孩子大約 1 歲半至 2 歲便可以教他們自己刷牙，孩子能夠自己拿食物放進嘴巴吃，具有抓握能力，便是學習自己刷牙的好時機，家長可以在此時開始教導孩子刷牙的方法了。

嬰兒期開始清潔口腔

　　培養孩子刷牙的習慣，不是在他們長出牙齒才開始，應該從嬰兒期開始培養。在嬰兒時期，當小寶寶飲奶後，家長可以用蘸了清水的紗布為他們清潔口腔，輕輕按摩其牙肉（見右圖）。當小寶寶年紀漸長，家長可以用指套牙刷輕輕印下小寶寶的牙肉，讓他們先行適應清潔牙齒及牙肉的感覺。當孩子 1 歲後，可以嘗試使用專為幼兒而設的牙刷，輕輕撩他們的口腔，看看孩子的接受程度如何。

學習刷牙前準備

　　為了引起孩子初學習刷牙的興趣，家長在事前需要做些準備工夫，才能令他們喜歡刷牙，減低抗拒刷牙的感覺：

- 為孩子選擇刷牙用具時，宜帶同孩子一起選購。當他們使用心愛的牙刷、漱口杯及牙膏刷牙時，便會更加投入，更感興趣；
- 初學刷牙的孩子所使用的牙刷，應該刷頭較圓、牙刷面較為平坦、刷毛較軟、刷柄堅硬才易於抓握；
- 當孩子的牙刷用了一段時間，刷毛開始散開，家長便應該替他們更換新的牙刷；
- 在教授孩子刷牙前，可以讓孩子先觀察家長刷牙，這樣他們會較易掌握；
- 於學習的過程中，家長可以唱與刷牙有關的兒歌，增加孩子對刷牙的興趣。

培養自信心

　　黃校長表示，教導孩子自己刷牙，除了能夠加強其自理能力、建立衛生的意識外，當孩子能夠自己刷牙後，更可以培養他們的自信心，鍛煉其手眼協調能力，增強孩子小肌肉的靈活性。而當中非常重要的，就是當孩子學會自己刷牙，並培養成習慣後，他們可以減少出現蛀牙的機會，常能保持口腔衛生。

學習刷牙有步驟

Step: 1

準備刷牙所需要的工具，包括牙刷、漱口杯、牙膏，如有需要可以準備圍裙。

Step: 2

打開水龍頭。

Step: 3

用手提起漱口杯。

Step: 4

將漱口杯注滿水。

Step: 5

關掉水龍頭。

Step: 6

把少量水含於口中。

Step: 7

然後把口中的水吐在盥洗盆內。

Step: 8

打開牙膏蓋。

Step: 9

擠出一粒青豆份量的牙膏塗在牙刷上。

Step: 10

用「叻」的手勢拿着牙刷柄。

Step: 11

提起牙刷至口部，開始以打圈方式刷牙。

Step: 12

刷牙後含少量水於口中，再把水吐在盥洗盆內。

Step: 13

打開水龍頭，沖洗牙刷及漱口杯，然後放回原位。

Step: 14

抹乾淨嘴巴，便完成刷牙。

注意事項

- 學習刷牙初期可以不使用牙膏；
- 初期先教導孩子漱口，學習把水吐出來；
- 當孩子進食完畢，家長可以帶他們照鏡，看看黏在牙齒上的渣滓，這樣孩子才有動機刷牙；
- 教授孩子刷牙需要有恆心，不可一時刷一時不刷，這樣會令他們認為刷牙不重要；
- 當孩子能夠自己刷牙時，家長應該給予讚賞及鼓勵；
- 如果孩子不想刷牙便不要勉強，家長不要太緊張，如果他們抗拒，便待下次才練習；
- 學習初期，當孩子自己刷牙後，家長應該為他們補刷，這樣才夠乾淨；
- 家長需要耐心地解釋給孩子知道刷牙的原因，並需要早晚刷牙。

小手有力
可學握筷子

資料提供：黃佩蓮 / 基督教香港信義會祥華幼稚園校長

　　筷子可說是東方人獨有的餐具，使用兩根筷子來夾食物，看似不困難，但要把它們握得正確，又運用得理想，則並非易事。本文教各位小朋友正確運用筷子的方法，依據步驟慢慢練習，相信聰明的小朋友很快便掌握得到。

2 歲後小手漸有力

　　運用筷子，是一組精細的動作，所以，家長不可以太早教授小朋友運用筷子的技巧。根據黃佩蓮校長表示，待小朋友 2 歲之後，他們可以自己握匙子舀食物進食，小手開始有力，便可以開始循序漸進教他們握及運用筷子的技巧。

不可要求過高

黃校長表示，始終 2、3 歲小朋友的小手不及成人有力，而且他們的手細小，初學習握及運用筷子時並不會太理想，家長千萬別要求太高，否則只會增加小朋友的挫折感，影響學習的興趣。當小朋友 5、6 歲時才能正確掌握到運用筷子的技巧。

加強手眼協調能力

學會運用筷子，除了能夠夾起食物外，由於這是非常精細的動作，因此，對於小朋友各方面發展都有好處。

黃校長認為，運用筷子來夾食物這一連串動作，能夠加強小朋友的手眼協調能力，使他們的手部活動與視覺配合得更精準。另外，由於運用筷子需要手指的互相配合，所以，可以令手指變得更加靈活，並能加強小肌肉發展。此外，亦可以從學習握及運用筷子，加強小朋友的認知能力。

事前練習

剛開始學習運用筷子時，家長不需要一開始便教小朋友如何握及運用筷子，而是先進行簡單的練習，令小手指更靈活，對於學習握筷子更有幫助。

練習 1：用前 3 指執豆
家長可以準備一些豆，以及兩隻碟，請小朋友以前 3 指執豆放在另一隻碟上。

練習 2：執廁紙球
家長把廁紙搓成多粒小球，然後請小朋友用前 3 指逐一把它們執起，放在一個小籃子內。

練習 3：用鉗夾食物
家長可以給鉗子小朋友練習夾食物，先灌輸他們用工具夾食物的概念，循序漸進，熟能生巧。

練習 4：用學習筷子練習
坊間有專為兒童而設的學習筷子，當中有配合手指握筷子位置的小環，小朋友只要把手指穿入適當的小環，便能夠適當地握及運用筷子。

學握筷子 6 步驟

Step: 1

大拇指、食指及中指上下對掌，做暖身運動。

Step: 2

用大拇指、食指及中指握着一根筷子。

Step: 3

握着筷子，同時將筷子作上下移動。

Step: 4

將下方的筷子也握在手中。

Step: 5

讓上方的筷子上下移動，但下方的筷子則不動。

Step: 6

小朋友運用筷子熟練後，就可以讓他們獨立使用筷子了。

選筷子要訣

1 家長為小朋友選擇筷子時，千萬別選擇油漆筷子，原因是會脫色，當小朋友把油漆吃進肚子後，有機會導致中毒；

2 另外，不要選擇韓國的銀筷子，因為該類筷子較重，不適合小朋友使用；

3 膠筷子也不太適合，原因是膠筷子容易咬斷，萬一小朋友將之吞下，便會發生意外；

4 家長宜為小朋友選擇原木筷子、竹筷子或骨筷子，由這些材質製造的筷子較為安全，而且不會太重，適合小朋友使用。

持之以恆

- 練習之初，家長可以先給小朋友運用筷子夾些較輕的食物，例如棉花糖，成功夾起的機會較高，增加小朋友的成功感及學習興趣；

- 家長千萬別一下子要求小朋友夾太大件食物，可以把大件的食物切細件給小朋友練習夾，會較易成功；

- 當小朋友練習了一段時間，可以給他們嘗試夾較大件的積木，逐步增加難度；

- 練習時必須持之以恆，但亦不宜強迫；

- 家長不宜讓太年幼的小朋友接觸筷子，原因是他們沒有危險意識，若把筷子當玩具，便很容易發生意外；

- 應該待有需要時才練習，例如在吃飯時練習，以有趣味方式練習，這樣可以令小朋友學習更感樂趣，更易掌握。

配合自我餵食
歲半學洗手

資料提供：黃佩蓮 / 基督教香港信義會祥華幼稚園校長

洗手對所有人皆十分重要，因為雙手經常觸摸不同物件，極容易接觸到細菌和病毒，繼而令人受感染而生病，因此，小朋友應該及早學習洗手。除了能預防疾病之外，學習洗手還能加強小朋友手眼協調能力。

防病兼學手眼協調

黃佩蓮校長表示，小朋友學習洗手，最顯著的好處是預防疾病，因為小朋友的手經常觸摸不同物件，以電梯扶手、門等為例，若之前有人向這些公物打噴嚏，或以受污染的手接觸它們，之後小朋友去接觸，他們便十分容易受感染，所以要教導小朋友保持雙手清潔，尤其是現在有新型冠狀病毒，更加需要在進食前、如廁後、煮食前洗手，戴口罩之前亦要洗手，若環境不方便洗手，也應該要用酒精搓手液來消毒雙手。

另外，學習洗手亦可學到手眼協調與工作步驟，因為洗手有多個步驟，包括開水龍頭、弄濕手、取梘液、搓手（揉擦手掌、手背、指隙、指背、拇指、指尖與手腕）、沖水、抹乾手等。

一歲半運動能力提高

黃校長認為，在小朋友歲半時已可以慢慢教他們洗手，因為他們約在這個年紀開始要自我餵食，加上他們的運動能力提高了，開始四處走動，手會四處摸，所以更有需要教導他們學習保持雙手清潔。至於 1 歲以下的小朋友，多留在嬰兒床，就算有時會爬行，成人多為他們抹手亦可。教導小朋友洗手時，家長要告訴小朋友洗手的原因，讓他們明白到即使看不見手有不潔，但原來也可以有病菌的，才會有動機去洗手。

助小朋友自己洗手

在小朋友學習洗手的過程中，家長要多作鼓勵和讚賞，讚賞的話要說得具體，例如說「做得很好啊！」、「洗得很仔細啊！」、「你很有耐性去洗啊！」等。此外，家長要有恆心去教導，別因為心急而幫小朋友洗手，或批評小朋友洗得不夠乾淨。假如小朋友真的做不到，家長便要從旁協助，譬如小朋友不夠力擠梘液，家長便要幫助他們取得梘液。

多給口頭具體讚賞

鼓勵小朋友洗手，要有環境的配合，譬如小朋友不夠高，家長宜提供物品給小朋友踏上去，使他們夠高去扭開水龍頭，自行洗手，而不是每次皆由一個成人抱起小朋友，另一個成人替小朋友開關水龍頭，這樣懸空吊着來洗手是辛苦的。

若家長對小朋友洗手的好行為多作口頭具體讚賞，例如當他們飯前自己去洗手時，家長讚他們很主動積極、懂得保持雙手清潔；當他們洗手後，家長表示看到他們有揉擦指隙、指背、指尖、手腕等，洗得十分認真，這樣便能夠幫助小朋友建立洗手的習慣，以及掌握到洗手的技巧。

洗手步驟逐格睇

Step: 1

以自來水弄濕雙手。

Step: 2

加入梘液到手中。

Step: 3

用手擦出泡沫。

Step: 4

離開水源，揉擦手掌。

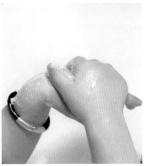

Step: 5

揉擦手背。

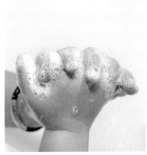

Step: 6

揉擦指隙。

Step: 7

揉擦指背。

Step: 8

揉擦拇指。

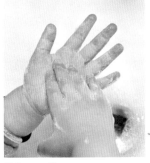

Step: 9

揉擦指尖。

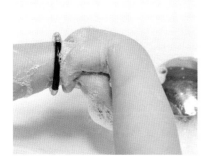

Step: 10

揉擦手腕。

Step: 11

揉擦雙手最少 20 秒後，用清水徹底沖淨雙手。

Step: 12

用乾淨毛巾或抹手紙徹底抹乾雙手。

Step: 13

用抹手紙包裹水龍頭，把水龍頭關上。

事前準備

- 小朋友學習洗手前，首先要不怕水，家長可趁洗澡時讓他們玩水。接着，可跟他們玩搓手、擠潤手霜到他們的手、讓他們使用酒精搓手液等，好讓他們學習搓手。
- 此外，家長當然也要正確示範，不要馬虎地洗手。因為許多水龍頭不是自動感應的，所以有需要教小朋友學習扭東西，可給他們扭不同大小的瓶蓋，讓他們學習如何擰開東西，或者讓他們玩一些需要用手按壓的玩具，為將來擰開或按壓水龍頭做準備。

2 歲學習
進食好時機

資料提供：黃佩蓮 / 基督教香港信義會祥華幼稚園校長

　　孩子踏入 2 歲，在各方面都出現很大變化，有的孩子開始入學，迎接新挑戰。2 歲的孩子，他們的小手較從前靈活，正是學習握匙自行進食的好時機，家長可為他們作好準備，一件可愛的圍兜、一隻具弧度的匙子、一碗美味的食物。孩子，是時候學習自己進食了。

6 個月練小肌肉

　　訓練孩子學習自己進食，並不可以一步登天，必須循序漸進，家長亦要注意事前工夫，若沒有事前鍛煉，孩子不可以一下子於 2 歲時就能順利學會自行握匙進食。那麼家長需要為孩子進行甚麼事前訓練呢？又需要在甚麼時候進行呢？

為孩子準備有弧度的匙子、有吸盤的碗及圍兜，便可以開始練習了。

讓 6 個月的寶寶自己握着手指餅或水果條進食，鍛鍊小肌肉。

學進食 5 大重點

　　教導孩子自行進食，有些地方需要留意，家長需要為他們準備一些適合的用具，安排孩子於適合的時間及地點練習，這樣就事半功倍。

重點 1：準備圍兜

　　孩子初學自行進食，少不免會比較混亂，食物掉在衣物上，非常污穢，家長給他們準備一件塑膠圍兜是必須的。

重點 2：具弧度匙子

　　成人使用的匙子對於初學自行進食的孩子來説，會比較困難。一些具弧度的匙子，方便孩子把食物放入口，以及把匙子拉出。

重點 3：闊口碗

　　盛載食物的器皿宜挑選較闊口的碗子，而碗底宜有吸盤的款式，這樣孩子易於舀食物，同時亦可以避免打翻碗子。

重點 4：安靜環境

　　進食時，宜於安靜的環境，這樣孩子才可以吃得專心，避免受到騷擾而分神，影響他們練習。

重點 5：飢餓時才練習

　　當孩子感到飢餓時，他們更加有意欲自行握匙進食。所以，家長宜於孩子感到飢餓時才進行訓練，成功率會提升。

6個月練小肌肉			
年齡	6個月	1歲半	5歲
用具	當孩子6個月大，開始添加固體食物時，家長可以為孩子準備一些適合嬰兒進食的手指餅或水果及蔬菜條。	此時的孩子可以學習使用餐具，他們應該先學習使用匙子，而碗下宜有吸盤，避免打翻。	筷子。
好處	讓他們自行用手握着來食，可以訓練他們的抓握能力，加強小肌肉發展。6個月的孩子開始有意識把東西放入口，家長不要擔心孩子弄髒衣物，可讓他們自行拿食物來吃，這樣能夠提高他們的身體協調能力。	給孩子自行進食，可以加強他們的自信心及獨立能力。	5歲的孩子已經升讀K3，他們各方面的能力進步不少，運用匙子進食對其而言已經沒有難度，家長可以購買適合的筷子給孩子使用，相信他們學會使用筷子後成功感更大。

錯處你要知！

教導孩子學習自行進食，有些要點家長需要注意及避免的，否則影響他們學習。

✘ 不許讓他們一邊進食一邊玩耍，否則會令他們不集中，影響學習；

✘ 家長不要擔心孩子弄髒衣物；

✘ 家長不要催促孩子，在趕忙的情況別進行練習，家長需要有耐性；

✘ 當孩子飽足時別進行訓練；

✘ 每次進食的份量別過多，因應孩子需要而定；

✘ 食物種類切忌單一，應該多元化；

✘ 家長別在孩子面前表示不喜歡吃某些食物，避免養成他們偏食的習慣；

✘ 避免給太熱燙的食物給孩子進食。

提升口肌能力

訓練孩子自行進食，可以帶給他們不同的好處。黃校長說孩子自行進食，可加強他們身體的協調能力，當他們咀嚼食物時，則可以訓練孩子的口部肌肉，有助其語言發展。孩子透過學習自行進食，可以加強他們的認知能力、自信心，在各方面發展都有好處。

握匙進食有步驟

Step: 1

讓孩子坐在固定位置，給他們戴上圍兜，把食物放在他們面前適合位置，給其握着匙子。

Step: 2

引導孩子用匙子舀食物。

Step: 3

慢慢把匙子送到嘴邊。

Step: 4

家長可以輕托孩子的手肘，幫助他們把匙子放入口內。

Step: 5

吃完後，家長可以輕輕拉孩子的手肘，協助他們把匙子拉出。

Part 2

育兒統統識

替 BB 洗白白、洗頭、沖奶、餵奶等，看似容易，但當新手爸媽自己做起來，卻手足無措，皆因每項工作都有其步驟，只要忽略其中之一，就會諸事不順。本章列出二十多項湊 B 育 B 必做項目，逐步教新手爸媽做得更好。

令 BB 肚臍
乾乾淨淨

資料提供：莊得英 / 資深陪月員

　　肚臍是寶寶人生的第一個傷口，一般在出生後 5 至 10 天脫落，但亦有部份寶寶需要 3 周或以上的時間才能脫落，故家長需要悉心為寶寶護理臍部。其實清潔臍部並不難，本文由資深陪月員為大家作詳細講解，只需6 步驟，便能讓寶寶的肚臍乾乾淨淨。

準備

裝有微暖熟水的暖水壺、
細膠杯、葫蘆狀棉花棒、
細棉花棒

 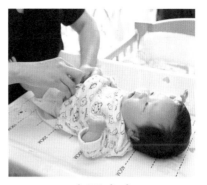

Step: 1 清潔雙手

在為寶寶洗臍帶前，家長必須先用洗手液，或以酒精搓手液徹底清潔雙手。

Step: 2 安置寶寶

將寶寶面向自己放置在平整、穩定、安全的換片墊上，環境光線保持充足、柔和。

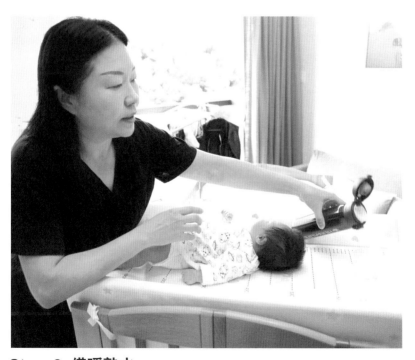

Step: 3 備暖熟水

清洗肚臍之前，往膠杯中注入微暖的熟水。

Step: 4　打開肚臍

用拇指和食指輕輕撐開寶寶的肚臍。

注意：家長需要避免尿片覆蓋肚臍或尿片包裹太緊，以免在寶寶郁動時造成尿片摩擦傷口，從而令臍帶損傷流血甚至感染。

Step: 5　清洗肚臍

用葫蘆狀棉花棒沾上暖熟水後，貼着寶寶肚臍內側，順時針輕輕轉一圈，然後更換葫蘆狀棉花棒另一端，沾上熟水並順時針輕輕轉一圈。

注意：棉花棒一頭只能使用一次，避免重複使用，以免造成分泌物、污漬、細菌一直在肚臍處停留。

德國

童年隨你相伴
Give me a hug, my dear friend

Fehn NATUR 系列 **0m+**

玩巾
Comforter

玩偶
Cuddly Toy

迷你音樂吊飾
Mini Musical

棒型手搖鈴
Rod Grabber

BIO BAUMWOLLE · BIO COTTON · BIO COTTON

100% 有機棉
Organic Cotton

softly
Organic Safety

www.fehn.de

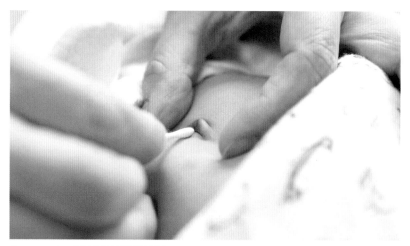

Step: 6　保持肚臍乾爽

毋須沾水，用乾爽的細棉花棒貼着寶寶肚臍內側，順時針輕輕轉一圈，然後更換細棉花棒另一端重複上述動作即可，保持肚臍乾爽。

陪月過幾招

Q1：用酒精或用熟水清洗臍帶有甚麼區別？

　A：當臍帶仍有傷口時，可以用酒精重複上述步驟清洗，但按照陪月員莊姑娘的經驗，若用酒精清洗臍帶，傷口需要更長時間才能脫落，反而用熟水清洗，臍帶可以更早脫落。一般來說，用熟水已經足以清潔寶寶臍帶的分泌物。

Q2：臍帶處能否塗藥膏？

　A：需要避免用膠布等東西包紮肚臍，並避免在肚臍處塗上任何藥物，包括藥膏、臍粉等。臍帶脫落時，會有少量血水染在尿片上，只需繼續用微暖熟水清潔肚臍，待傷口癒合後便不會滲出血水。

Q3：甚麼情況下需要求醫處理？

　A：若遇到以下幾種情況，家長需要帶寶寶及時求醫，避免自行處理，包括臍帶流血不止；臍帶有臭味或異常分泌物、周圍皮膚紅腫；肚臍長肉粒；寶寶哭時肚臍會突出。

EUGENE baby.COM 荷花網店

一網購盡母嬰環球好物！

mall.eugenebaby.com

Tiny Love　fehn　picci

MAXI·COSI　Inglesina

即刻入嚟睇睇

免費送貨*/自取#

至抵每月折扣/回贈

🛒 BUY

*消費滿指定金額，即可享全單免運費
#所有訂單均可免費門市自取

替 B 洗口
及臉部按摩

資料提供：李燕 / 資深陪月員

　　五官不單是人的名片，更是維持身體健康的通道，因此保持五官的清潔和暢通十分重要，即使是未長牙的寶寶也需要清理口腔。本文由資深陪月員教大家洗口和臉部按摩的技巧，讓寶寶擁有乾淨又舒服的面珠墩。

準備
洗口杯、棉花、熟水、洗口用紗巾

洗口

Step: 1
洗手與準備工作
為寶寶洗口前，爸媽先徹底清潔雙手，並在寶寶頭部墊上一塊毛巾，預防寶寶嘔奶。

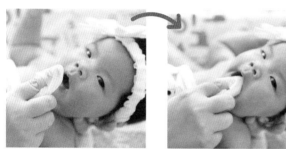

Step: 2
洗舌頭
一隻手托住寶寶的頭頸，另一隻手套上消毒紗巾，沾濕紗巾後，手指伸進寶寶嘴中輕觸其舌頭上、下部份，一共重複3次，每次均需要換上新的消毒紗巾。

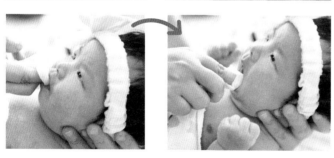

Step: 3
按摩牙肉
洗完舌頭3次後，按摩寶寶下面的牙肉，然後再按摩上面的牙肉。牙肉按摩可以幫助減輕寶寶日後出牙時的不適。

洗口後可以飲奶嗎？
可以，然而飲奶後馬上洗口，很容易造成嘔奶。一般早上和沖涼前適宜為寶寶洗口，一日2次。若寶寶的口很白，即奶漬比較多，可以增加每日洗口的次數。

臉部按摩

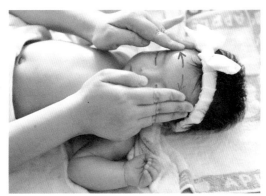

Step: 1
額頭按摩

臉部按摩先從額頭開始。從額頭中間出發,往兩邊推至太陽穴位置,重複 3 次。

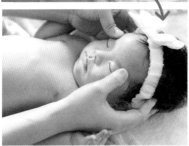

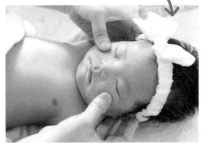

Step: 2
眉毛按摩

從眉心出發,順着寶寶眉毛一直推到耳朵,重複 3 次。

Step: 3
按摩鼻翼

輕揉寶寶的鼻翼,然後從鼻翼輕推至耳朵。按摩鼻翼可以預防鼻塞。

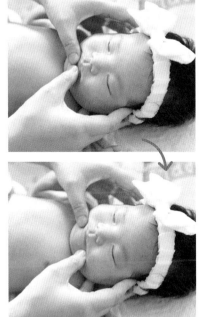
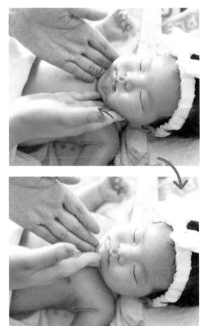

Step: 4
額頭按摩

先按摩寶寶的上唇，從中間出發
推向兩邊至耳朵；下唇同上。

Step: 5
下巴按摩

完成嘴唇按摩後，從寶寶的耳朵出發
輕輕推回至下巴。

陪月教你幾招！

關於洗口：

1. **熟水水溫**：若是夏天，水溫保持室溫即可，冬天則需要準備
   暖水。
2. **紗巾**：市面上可以買到初生嬰兒洗口專用的消毒紗巾；若是
   普通紗巾，使用前需要用熱水或消毒機消毒完畢才能使用。

關於按摩：

1. **沖涼後進行**：一般按摩於沖涼後進行，全套按摩包括足部按
   摩、身體按摩和面部按摩。
2. **清潔雙手**：為寶寶按摩前，爸媽務必徹底清潔雙手！

冬天洗白白
兼做按摩

資料提供：Tammy / 資深陪月員

很多爸媽冬天幫寶寶洗澡都會手忙腳亂，要不是擔心寶寶着涼，就是因為寶寶扭計。本文資深陪月員逐個步驟教大家，冬天如何幫寶寶洗澡，更附上初生嬰兒觸撫操教學，幫寶寶紓緩腸絞痛。

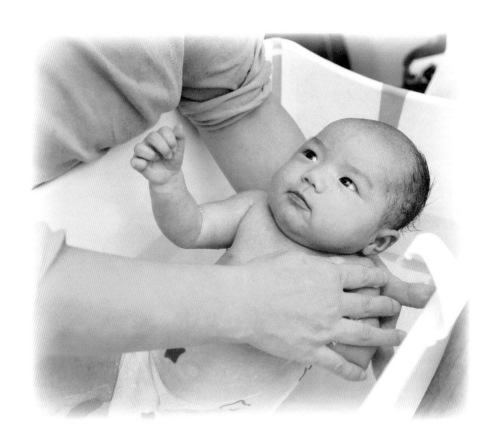

5 分鐘沖個涼

Step: 1
事前準備

先放好毛巾、衣服、尿片等所需用具，方便需要時立即取用。

Step: 2
調整室內溫度及水溫

把門窗關好，室內溫度保持在 26 至 28 度，水溫則調至攝氏 38 至 40 度。（夏天水溫則以攝氏 36 至 38 度為佳）

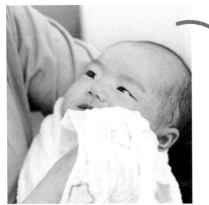
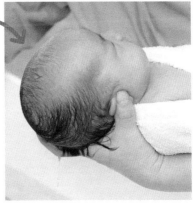

Step: 3
洗面洗頭

用毛巾包裹好寶寶的身體便開始洗面洗頭了。先用濕毛巾抹面，再塗抹洗髮露，用濕毛巾抹頭髮。洗頭時切記要用手蓋着寶寶的耳朵，避免入水造成不適。

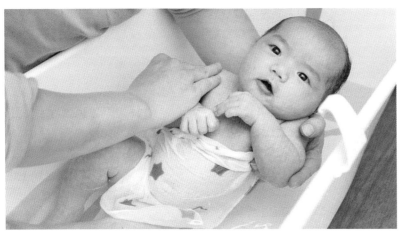

Step: 4
弄濕身體

把寶寶抱到水盤中，並把寶寶的身體均勻弄濕。您亦可以用毛巾蓋着寶寶身體的一部份，這樣他會更有安全感，能減少扭計的情況。

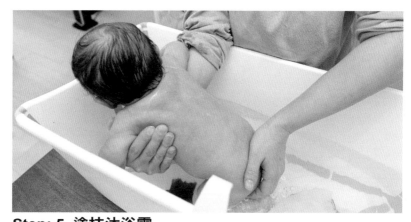

Step: 5 塗抹沐浴露

先在手上把沐浴露搓至起泡，再均勻塗抹到寶寶身上。注意轉身時，要雙手扶着寶寶的身體，以免寶寶滑倒。

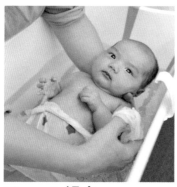

Step: 6 過水

用水沖洗沐浴露，也可配合使用濕毛巾把身體抹乾淨。

Step: 7 抹乾及穿尿片

洗完澡後盡快用毛巾包裹寶寶的身體，把水份抹乾，並穿上尿片，避免着涼。

記得清潔頸部

寶寶的頸部其實是藏着最多污垢的地方，特別是頸部橫紋的凹槽中，很多時都會累積了汗水及「老泥」，容易滋生細菌。而且新生兒的頸部較短，經常被忽略，因此大家幫寶寶洗澡時切勿忘記頸部啊！

觸撫按摩及排氣操

　　因為胎兒在母體內都是經臍帶吸收營養，所以初生嬰兒才剛開始學習用自己的腸胃消化食物，適應期間容易會產生腸絞痛，這時便可以用觸撫按摩及排氣操紓緩！觸撫按摩可以促進親子關係，亦可促進寶寶血液循環，增加食慾，並減少腸胃消化中產生的脹氣，令寶寶睡得更安穩。除了排氣，按摩時更可以順便用潤膚油護膚呢！

Step: 1　輕撫肚子
手放平，從上至下掃，並輕撫寶寶的肚子。

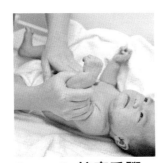

Step: 2　按摩手腳
同樣從上至下，為寶寶按摩手腳。

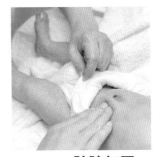

Step: 3　肚臍打圈
圍着肚臍打圈按摩，注意力度不用太大。

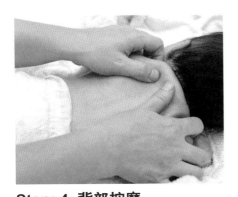

Step: 4　背部按摩
背部同樣是從上至下掃，然後再用拇指在脊椎位置從下往上按。

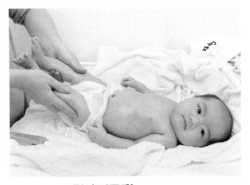

Step: 5　腳部運動
扶着寶寶的腳部向前傾，並左右移動。

陪月提提您

1. 洗頭洗澡切記使用刺激性低、防敏感的沐浴露及洗髮露。
2. 冬天洗澡時間最好控制 5 至 10 分鐘內。

手背部按摩
助舒適入睡

資料提供：李燕 / 資深陪月員

很多寶寶都喜歡大人給他們摸背，舒服的同時又可以放鬆身體。既然如此，大人不如結合掃、按、揉、拉等按摩手法，試為寶寶做全套的背部按摩吧！除了背部按摩，還有手部按摩，都有助於提升寶寶的睡眠質量。

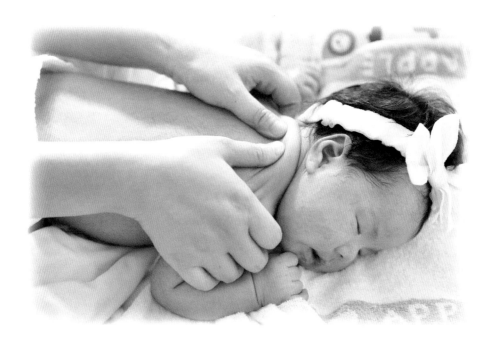

準備

按摩請準備好毛巾和按摩油，並事先徹底清潔雙手。

手部按摩

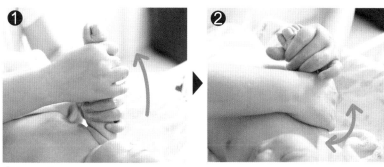

Step: 1
握住寶寶手臂左右手更替輕輕向上拉，完成後輕扭手臂。

Step: 2
輕輕按摩 5 隻手指，
一共重複 3 次。

Step: 3
完成手部按摩後輕
壓手掌，另一隻手
亦同樣。手部按摩
結束。

手部按摩

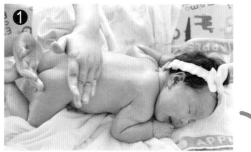

Step: 1
臀部按摩

從寶寶腰部開始,用手的側面往臀部輕掃 3 至 6 次。

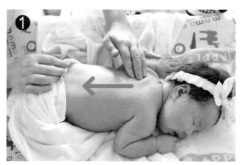

Step: 2
背部按摩

將食指、中指、無名指併攏,並以指腹在寶寶背部以順時針輕輕打圈,往下移動直到腰部。

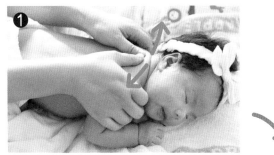

Step: 3
肩部按摩
以大拇指指腹輕揉寶寶頸部，
然後往兩邊肩膀移動。

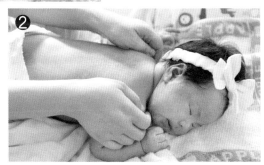

Step: 4
放鬆背部
以指腹從寶寶頸部開始
往下移至腰部，為寶寶
放鬆。背部按摩結束。

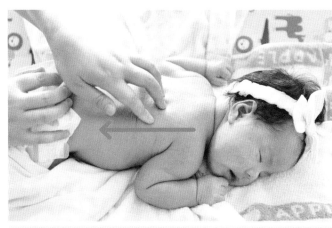

背部按摩有何好處？

　　有助於促進寶寶的血液循環，增加食慾和提升消化吸收，
並穩定寶寶的情緒，提升其睡眠質量。背部按摩應挑選合適
的時間和環境進行，可保持環境安靜，並將燈光調暗。

I Love U
腹部按摩

資料提供：李燕 / 資深陪月員

　　肚臍下面有非常重要的器官——腸道、胃部，而掃風不足、便秘等問題，都容易造成寶寶這些器官的不適，因此為寶寶做一套腹部按摩，會有助改善這些問題的。本文由資深陪月員教大家「I Love U」腹部按摩法，用按摩為寶寶傳達關愛。

準備

爸媽為寶寶按摩前必須先徹底洗淨雙手

毛巾（墊於寶寶頭部，防止嘔奶）、按摩油

腹部按摩

Step: 1

在手掌滴上適量按摩油後，掌心保持貼合，雙手向左右方向旋轉（如圖①箭嘴所示），搓勻後兩手緩緩分離（如圖②箭嘴所示）。該旋轉動作可助塗抹更均勻，同時可以幫助掌心在摩擦過程中生熱。

Step: 2

腹部按摩的「I」部份。按摩從寶寶肚臍右邊開始，往下輕拉，拉出「I」（如圖箭嘴所示）。

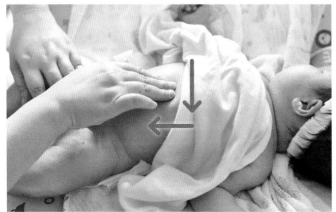

Step: 3

腹部按摩的「L」部份，即沿 L 路徑按摩腹部。沿着肚臍上方、腸道大致的位置，橫向輕拉，然後再往大腿位置輕拉（如圖箭嘴所示）。

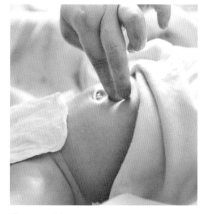

Step: 4

腹部按摩的「U」部份。在寶寶的肚臍上方輕推
出 U 形（如圖箭嘴所示）。

Step: 5

按摩完腹部後，用指腹在寶寶肚臍上輕輕向前、
向後「行走」，重複 3 至 4 次，放鬆腹部。

Step: 6

用手掌輕戳腹部為寶寶放鬆。按摩時要注意為寶寶保暖，避免着涼。

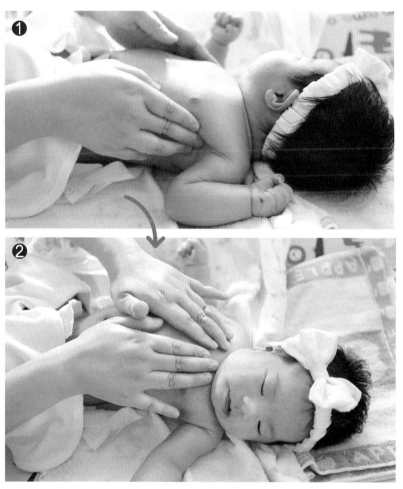

Step: 7

輕輕打圈按摩寶寶的腋下（如圖①），然後在寶寶的胸口位置輕輕打圈按摩（如圖②）。

I Love U 腹部按摩有甚麼好處？

A：若寶寶有宿便、胃氣脹、腸痛的問題，這套「I Love U」
　　按摩可以按摩腸道並紓緩上述情況，以及可促進寶寶消
　　化。按摩同時亦有助提高寶寶的睡眠質素。

足底按摩
助消化易入睡

資料提供：李燕 / 資深陪月員

　　按摩不單可以幫助放鬆身心，還能促進健康，是一項對大人和寶寶都大有裨益的活動。爸媽不妨每天抽出 10 分鐘，為寶寶做個簡單的按摩！本文資深陪月員給各位爸媽傳授足部按摩的手法。

準備
按摩油、毛巾

Step: 1
調校溫度，清潔雙手，墊好毛巾
注意調校適宜的室內溫度，冬天時室溫需要保持攝氏 28 度以上，而夏天則保持正常室溫，需關閉冷氣，以及風扇不能直吹寶寶。與寶寶按摩之前，必須先徹底清潔雙手。為寶寶脫去衣物後，將毛巾墊於寶寶頭部，預防其嘔奶。

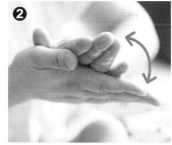

Step: 2
搓勻按摩油
在手掌滴上適量按摩油後，掌心保持貼合，雙手向左右方向旋轉(如圖箭頭所示)，該動作除了可搓勻按摩油，還可以幫助手掌在摩擦過程中生熱。

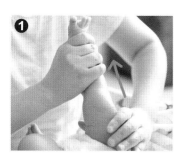

Step: 3
大小腿按摩
一般為寶寶按摩身體時，先從腳部開始。將寶寶一隻腳抬起後，兩手交替由下輕推向上(如圖①②箭嘴所示)，重複至少 3 次。然後握住寶寶大小腿，左右輕力扭動(如圖③④箭嘴所示)，重複至少 3 次。

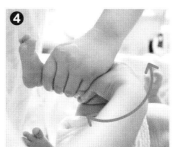

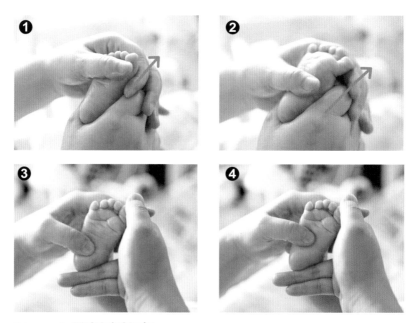

Step: 4 腳板底按摩

首先在腳板底，以大拇指由下輕推向上至少 3 次（如圖①②箭嘴所示），然後用拇指指腹由下向上輕壓
寶寶腳板底，至少 3 次（如圖③④所示）。

Step: 5 腳趾按摩

握住寶寶的腳掌，輕按寶寶每隻腳趾。若寶寶安靜聽話，可以按 3 至 6 次；如果寶
寶哭鬧，便需要盡快完成。

Step: 6 腳背按摩

握住寶寶的腳背，兩隻拇指在腳背交替輕推至少 3 次，然後用拇指輕按腳踝關節位（如圖紅圈所示）。

❶

❷

Step: 7 放鬆

從腳背出發，兩手交替由上輕推向下（如圖①箭嘴所示），然後張開兩手由下往上輕搓腿部，放鬆肌肉（如圖②箭嘴所示）。最後輕壓腳板底。完成一隻腳後，按照以上步驟按摩另一隻腳便可。

❸

足部按摩有甚麼好處？

　　可以幫助寶寶的血液循環，增強免疫系統，同時還能幫助消化，有助便秘，更可紓緩寶寶肌肉，促進其睡眠質素。

洗臉按摩
一 take 過

資料提供：梁惠子 / 星級陪月導師

　　寶寶除了每天洗澡外，臉部也需要細心清潔，並做好後續的護膚程序，呵護寶寶幼嫩的肌膚。本文星級陪月導師講解洗臉及面部按摩的步驟，護膚的同時，讓寶寶舒服又醒神！

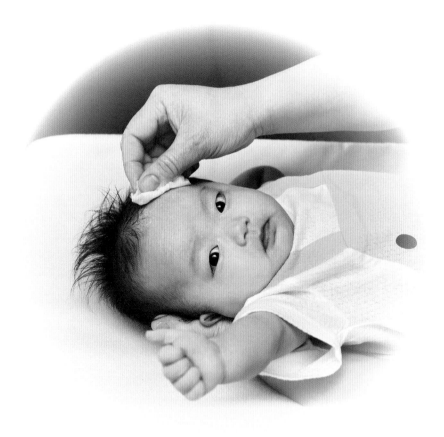

輕鬆洗臉

所需用具　熟水、棉片、棉指套、嬰兒潤膚乳霜

Step: 1
輕扶穩托
寶寶在洗臉的過程可能會動來動去，照顧者應先一手輕扶寶寶的頭部及頸部，作穩定的承托，以免寶寶碰撞到其他硬物，發生危險。

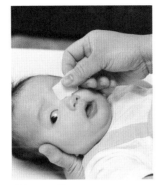

Step: 2
眼睛
棉片沾上熟水，先由內往外地抹眼皮，然後用新的棉片輕抹眼角；另一隻眼睛亦重複同樣步驟，過程中應避免碰到眼內。

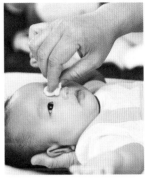

Step: 3
額頭及鼻子
額頭是較多油份分泌的部位，因此要妥善清潔；鼻子除了鼻樑、鼻頭和鼻翼，鼻孔也需要小心清潔。
注意：清潔鼻孔的棉片或棉花棒濕水後必須完全榨乾，避免水滴流進鼻腔。

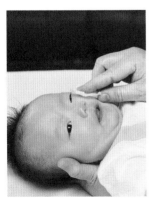

Step: 4
兩邊臉及下巴
兩邊臉及下巴亦是同樣只向同一方向清潔。
注意：抹過一次的棉片便不能再用。

Step: 5
耳朵
除了耳珠、耳孔要小心清潔外，耳背也是不能忽略，因為那是很容易積聚污垢的地方。

Step: 6
口腔
清潔口腔可以用有紋理的棉指套，先清潔口腔四周，再清潔舌頭。
注意：不要把手指伸至太深，以免造成寶寶的不適。

保濕按摩

　　幫寶寶做面部按摩時要得到寶寶的同意，按摩期間宜多與寶寶溝通，讓寶寶得到安全感及了解自己身體的每一部份。替寶寶潔面後塗上薄薄一層乳霜作保濕滋潤，但切記眼部及附近周圍位置是不可塗抹的。

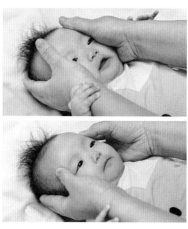

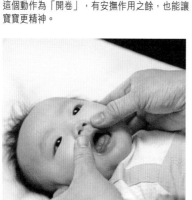

Step: 1
額頭及眉

擠出乳霜，先於掌心搓勻。雙手四指扶在頭兩側，拇指則垂直地，從額頭中心掃至兩側。陪月員稱這個動作為「開卷」，有安撫作用之餘，也能讓寶寶更精神。

Step: 2
臉頰

雙手輕輕拍一拍兩邊臉頰，然後慢慢打圈按摩。這樣可以促進血液循環，使乳霜更易吸收。同時也按摩一下太陽穴，讓寶寶更舒適。

Step: 3
上唇下唇

雙手四指輕扶在寶寶臉側，拇指從人中兩側往外掃，下唇亦是從中心點往外掃。

Step: 4
臉側

臉的兩側也不能忽略，雙手沿鬢角同時往下按摩，便可兼顧全臉的保濕和寶寶的舒適度了。

安撫動作

　　為寶寶按摩時可能會遇到扭計的情況，若寶寶扭計，以下一些安撫動作可讓洗臉按摩一 take 過順利完成！

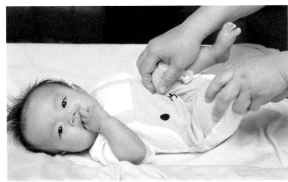

Step: 1
踩單車

輕輕提起寶寶的大腿及膝蓋，像踩單車一樣打圈活動。

Step: 2
交叉手腳

輕輕提起寶寶的手或腳，讓雙手、雙腳和手腳互相觸碰，可依情況交替觸碰。

陪月過幾招

Q1：洗臉是否一定要用熟水及棉片？

　A：是的。由於寶寶免疫系統尚未發展成熟，因此只能用熟水。工具可以是棉花球或棉片，但一定要是 100％純棉，適合寶寶敏感幼嫩的肌膚。

Q2：甚麼時候才可以用生水洗臉呢？

　A：建議在 1 至 2 歲之後才開始用生水，畢竟洗臉的水會接觸眼耳口鼻，細菌病毒容易進入身體，所以要讓寶寶免疫系統更成熟後，才使用生水。

兩刀加一磨
指甲剪乾淨

資料提供：莊得英 / 資深陪月員

　　小寶寶的指甲長得很快，過長容易抓傷皮膚，但是其手指很細小，剪指甲猶如「繡花」。其實只要爸媽有耐性，為寶寶剪指甲是可以迅速完成的事情，本文由資深陪月員為大家講解剪指甲的簡單秘訣。

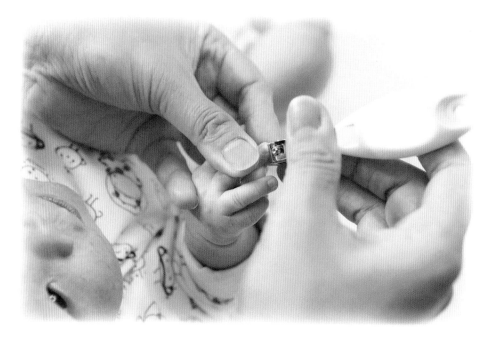

準備
嬰兒指甲鉗、指甲銼、熟水、膠杯、棉花棒

Step: 1　安置寶寶

由於寶寶手指細小，而且指甲顏色和皮膚接近，為了清楚視物，避免誤傷寶寶，視力稍差的爸媽需要戴上眼鏡，並以寶寶頭部靠近自己的方向，將其放置在光線充足、平穩安全的墊上。

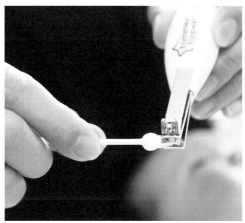

Step: 2　清潔雙手與指甲鉗

在為寶寶剪指甲前，爸媽需用洗手液或搓手液徹底清潔雙手，然後用棉花棒沾上熟水，拭擦指甲鉗（尤其是頭部位置），再用乾爽一側的棉花棒將指甲鉗抹乾。

Step: 3
突出指甲

將寶寶每隻手指分開，家長以拇指和食指固定寶寶需要修剪的手指，並用食指將指頭的皮膚微微往下壓，以突出指甲需要修剪的部份。

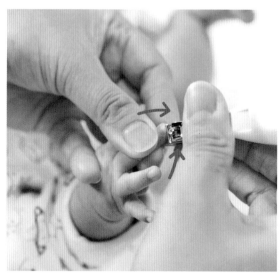

Step: 4
兩刀完成

為寶寶剪指甲時，動作需要簡練，避免複雜多餘。在左側傾斜剪下一角後，然後於右側傾斜剪下一角，如圖箭頭所示，最後留下一個尖角於指甲中央。剪指甲時避免指甲鉗貼緊寶寶皮膚，容易剪傷皮膚。

寶寶掙扎點算？

爸媽盡量選擇寶寶情緒平穩的時候為其剪指甲，例如入睡後。若寶寶在掙扎或情緒太激動，爸媽很大機會誤傷寶寶，這時並不適合剪指甲。

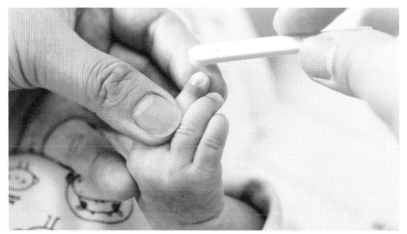

Step: 5 磨平指甲

爸媽採用指甲銼,傾斜向下輕輕磨平指甲的尖角至平滑,修至圓弧形,切忌在指甲留下尖角,讓寶寶抓傷皮膚。爸媽可以用拇指肚檢查寶寶指甲是否有不平滑的地方。每隻手指重複上述步驟修剪即可。

陪月過幾招

Q1: 多久為寶寶剪一次指甲?

A: 由於寶寶的手指甲長得很快,因此每周需要為寶寶剪 1 至 2 次。若寶寶手指甲太長,除了容易抓傷自己的皮膚,還容易藏有細菌,當寶寶吮手指時,細菌便容易進入口中。至於腳趾甲的生長速度較慢,一般每個月剪 1 至 2 次即可。

Q2: 可以一次過把寶寶的指甲剪短些,不用經常為他剪嗎?

A: 不可以剪太短,這會讓寶寶的手指產生疼痛,以及在活動時容易磨損指部的皮膚。初生寶寶一般會佩戴手套,但寶寶 3 個月後需要用手探索周圍的環境,此時便不能再長期戴上手套,爸媽便需要勤快修剪指甲。

Q3: 若剪指甲時不慎讓寶寶受傷流血,應怎麼處理?

A: 如果不慎誤傷寶寶手指,應盡快使用殺菌紗布或棉球壓住傷口,直到流血停止,然後塗抹一些碘酒消毒或消炎軟膏。

替 BB 洗頭
兼去頭泥

資料提供：周楚賢 / 資深陪月員

幫小寶寶清理頭部是每個新手爸媽的必修課，但因為小寶寶頭泥較多，而且身體嬌弱，所以清潔起來有很多需要注意的地方，本文由資深陪月員為各位爸媽講解清理頭泥和洗頭的方法。

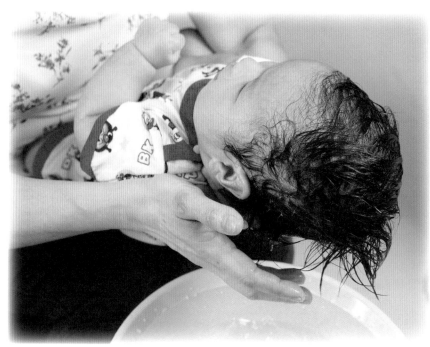

去頭泥： 橄欖油、棉花

洗頭：
紗巾 2 條、洗髮水、
攝氏 37 度清水、盆

去頭泥

Step: 1
滴橄欖油於手掌處

一隻手環抱住寶寶，注意用手肘托穩寶寶的頭部，然後在另一隻手掌上滴上橄欖油，並單手搓勻。

Step: 2
按摩頭部

若頭泥出現位置較少，用手指在頭泥處沿順時針方向輕輕按摩 5 分鐘左右。若頭泥範圍大，則張開五指在寶寶頭上輕輕沿順時針方向按摩 5 分鐘左右。

針對頭泥特別厚的地方，可以用大拇指打圈輕按，如圖所示。

Step: 3 去頭泥

靜待 20 分鐘至頭泥軟化後，採用蘸滿橄欖油的棉花沿逆時針方向（與上一步按摩頭部的方向相反）打圈，將頭泥慢慢推出。若是較薄的頭泥，只需沿相反方向輕輕抹一下即可清理。將頭泥推出後，頭部會變得光滑。推出橄欖油後，再用蘸上暖水的棉花，將橄欖油抹去即可。

頭泥在面部怎麼清理？

由於寶寶面部肌膚嬌嫩，所以面部的頭泥不會用手按摩，而是採用棉花。首先在棉花上蘸橄欖油，並在頭泥處沿順時針方向塗上，待 20 分鐘後再用棉花沿逆時針推出來。

洗頭

Step: 4
打濕頭部
將寶寶的頭部朝向盆，並用手掌托穩寶寶的頭部，將紗巾沾水後輕輕地弄濕寶寶的頭髮。

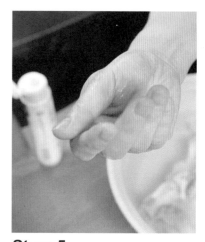

Step: 5
滴洗髮露
在手掌上滴上 1 滴洗髮露，然後單手搓勻。

Step: 6
塗抹洗髮水
先在寶寶的頭頂抹上洗髮水，然後在頭兩側塗抹。注意髮尾處也要抹上。

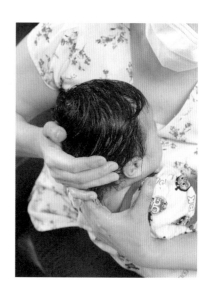

Step: 7
清水洗淨

將頭部分成頭頂、兩側、髮尾幾個區域用紗布進行清潔，注意用清水洗淨寶寶頭部兩側的洗髮水時，拇指需要輕按住清洗一側的耳朵，避免耳朵入水。清洗髮尾時則用紗巾沿往上的方向進行。

Step: 8
抹乾頭部

清潔好頭部後，用另一條乾淨紗巾托住寶寶頭部，然後輕輕抹乾至無水滴的狀態。

關於頭泥小知識

　　資深陪月員周楚賢提到，每個嬰孩產生頭泥的時間都不同，有些是滿月前，有些是一個月大之後。兒科專科醫生稱，若爸媽不待頭泥軟化後洗去，而是直接用力刮走，很可能會導致寶寶皮膚受傷，甚至感染，因此謹記要做個「溫柔」的爸媽。

着衫前後
準備步驟多

資料提供：周楚賢 / 資深陪月員

　　為寶寶沖完涼後，就到了着衫的環節喇！但原來着衫前需要做的準備步驟多多，包括抹乾身體、塗抹潤膚露和包紙尿片。本文由資深陪月員為大家示範着衫的步驟！

準備
毛巾、身體潤膚露、棉花棒、臀部潤膚膏、紙尿片、換尿片墊、衣服

Step: 1
抹乾身體

為寶寶沖完涼後，先為寶寶抹乾身體，以及將頭髮梳順直。為了避免寶寶着涼，在後面抹面和抹頸兩個步驟中，保持用毛巾包裹寶寶的身體。

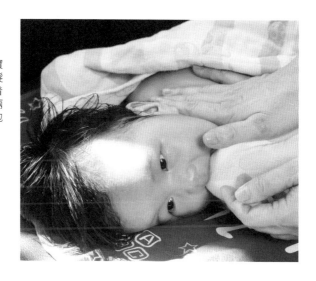

Step: 2
抹面

在手掌滴 1 至 2 滴潤膚露，並搓均勻，然後兩手托住寶寶頭部，利用大拇指輕輕塗抹臉頰、額頭等部位（箭頭示）。

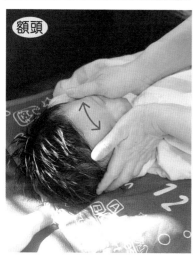

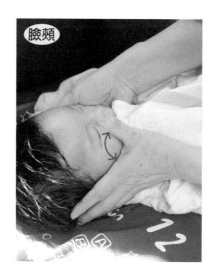

Step: 3
抹頸

在手掌再次滴 1 滴潤膚露，單手搓均勻後，輕輕塗抹寶寶的頸部。

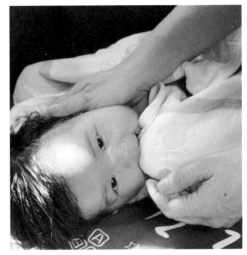

Step: 4
抹身

先在寶寶臀部墊上新紙尿片，為了防止其忽然小便，將新紙尿片翻上蓋住私處部位，再用潤膚露均勻塗抹身體、手臂，注意要塗抹關節縫隙位置（紅圈示）。

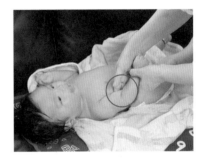

Step: 5
抹後背

一隻手輕輕托住寶寶頸部，另一隻手沾上潤膚露後，張開五指為寶寶塗抹後背。塗抹完畢，蓋上毛巾，避免着涼。

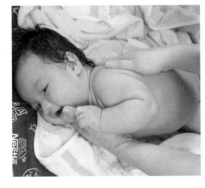
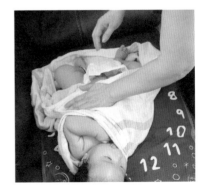

 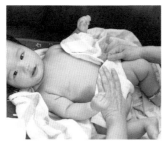 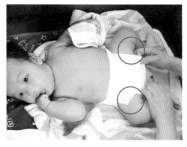

Step: 6　抹臀部和包紙尿片

用棉花棒沾上專門塗嬰兒臀部的潤膚膏，輕輕塗抹寶寶的私處。然後為寶寶包上紙尿片，注意紙尿片的摺位要翻出來，否則會讓寶寶不舒服（紅圈示）。

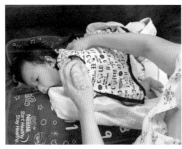

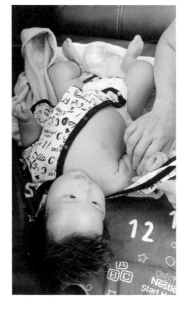

Step: 7
着衫

若為寶寶選擇了紐扣款式的衣服，首先為寶寶穿上一邊，然後托住寶寶頭部和頸部，讓衣服跨過後背，再穿上另一邊。最後扭上鈕扣即可。

如何選擇寶寶衣服質料？

　　寶寶皮膚嬌嫩，而且排汗功能尚未成熟，因此在選擇衣服質料時要注意吸濕性、透氣性、舒適度、易洗易乾幾方面，而純棉、莫代爾、竹纖維都是不錯的面料。

換片技巧
新手爸媽必學

資料提供：周采彥 / 資深陪月員

　　換片是每個新手爸媽都必須學習的重要技能，而換片不單是除下舊尿片、換上新尿片那麼簡單，其間需要注意的地方多多，包括保證一個安全乾淨的換片環境、清潔寶寶的屁股……讓資深陪月員為大家逐一講解！

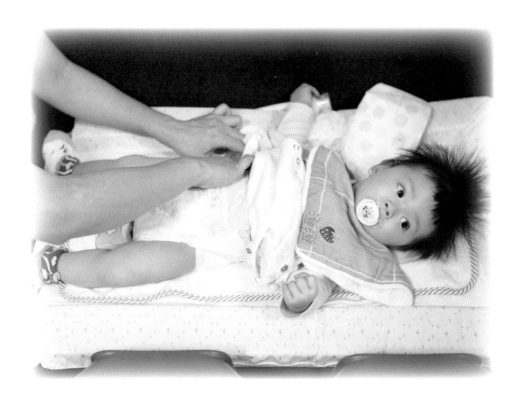

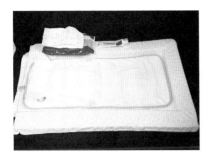

Step: 1
準備多多

換片需事先準備清潔用棉花和一杯溫水（或用濕紙巾代替）、換片墊、換片枱、兩塊新尿片、垃圾桶，以及潤膚露，然後將換片墊平鋪在換片枱上。

Step: 2
確認室內溫度

若室內溫度較低，可開啟暖風機，風太大時應關窗，以確保溫度適中，並避免風口直吹寶寶。

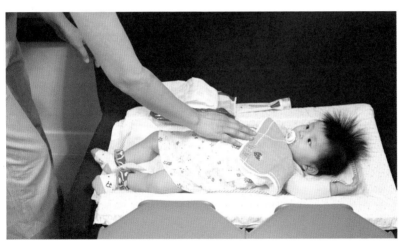

Step: 3
做好安全措施

換片前爸媽應清潔雙手，然後將寶寶抱到換片枱前，先確認好路上無雜物。換片枱四周應圍好，保證寶寶翻轉時不會跌落。

Step: 4 除下舊尿片

將寶寶輕放到換片墊上，並除下原來的尿片——解開魔術貼後隨即貼好，防止舊尿片貼住衣服，然後一手輕抓起寶寶雙腳，另一隻手取出舊尿片。若是初生寶寶，則在頸部擺放一條紗布，以防止換片時發生嘔奶。

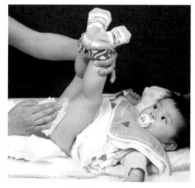
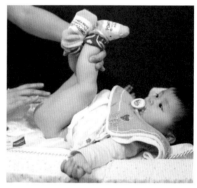

Step: 5 清潔屁股

將清潔用棉花蘸上溫水，按由「前至後」、「內至外」的順序，輕輕拭擦清洗女寶寶的外陰；而男寶寶則清洗陰莖及陰囊四周，以及大腿內側，然後一隻手輕抓起寶寶兩腳，按由「前往後」、「左至右」、「內至外」的順序，輕輕拭擦屁股兩邊部位。

Step: 6 再次檢查

包尿片之前再次檢查，若屁股太濕，可用乾棉花印乾爽；同時需留意屁股是否出現紅腫情況，若有的話可適當塗少許潤膚露紓緩。

舊尿片的糞便上沾有鹽一樣的東西，正常嗎？

　　寶寶在加固後，糞便和屁股附近或會出現一些鹽狀的白色晶體，那是加固後出現的礦物質，屬於正常現象，爸媽只需用濕棉花輕輕擦掉即可。

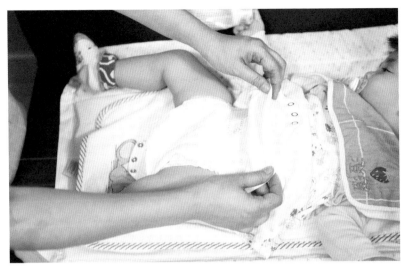

Step: 7　包好新尿片

輕抓起寶寶雙腳，並將新尿片墊在寶寶的屁股下，注意黏貼面一邊向下。放下寶寶雙腳後，先將尿片中間往上翻摺包好，然後將左右兩邊翻上，沿腰圍及大腿圍貼服，再貼好魔術貼。最後用食指理順腰部、大腿圍兩側的尿片邊緣，保證防側漏位置沒有出現翻摺。完成後，爸媽需再次清洗雙手。

陪月過幾招

**Q1：若換片時寶寶哭鬧，爸媽有甚麼處
　　　理辦法？**

　A：爸媽需要先安撫寶寶的情緒，可以讓
　　　寶寶躺下，然後一隻手握住寶寶的
　　　手，另一隻手輕拍寶寶的心口，為
　　　寶寶營造安全感（見圖 a）；或面對
　　　面抱住寶寶，一隻手托住寶寶的屁
　　　股，令一隻手輕輕拍打寶寶的後背
　　　（見圖 b）。

Q2：如何判斷尿片鬆緊？

　A：若尿片太緊，大腿圍位置會箍緊，而且魔術貼會貼到最
　　　盡；太鬆的時候，大腿圍位置會留有較多空隙，容易滲
　　　出尿液。

一張包被
包出溫暖

資料提供：李燕 / 資深陪月員

　　包被對於初生寶寶來講，是一件非常重要的貼身之物。包被不單能給他們溫暖，也給他們安全感。因此學會摺包被也是不可小覷的爸媽必備技能。本文請來資深陪月員教各位摺包被的方法，以及需要注意的地方。

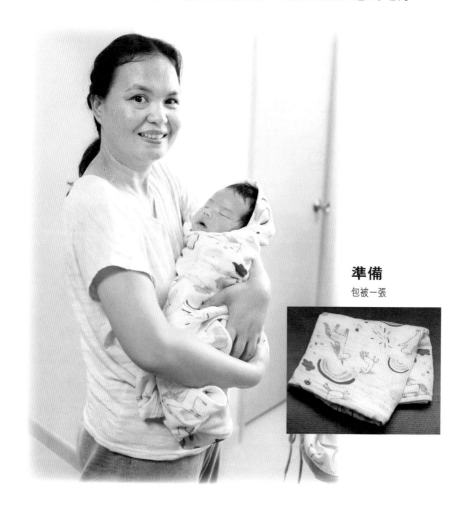

準備

包被一張

Step: 1
鋪開包被

在平穩的地方將包被鋪開，以菱形朝向自己，並將頂部往內翻摺。準備好後將寶寶平穩地抱至包被上，頭部對準頂部翻摺位。注意頭部離包被邊緣保持一定的距離。

Q1：摺包被時，寶寶嘅手應該放喺邊？

A：摺包被時，寶寶的兩手可側放或手彎曲放在心口位置，但切忌太緊，以免影響其呼吸。

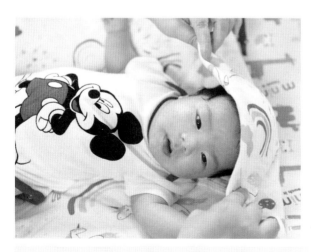

Step: 2
摺出包被帽

以下為有帽包被的摺法示範。將頭部位置的包被再往內摺一下，以包住寶寶的頭部。

Q2：如果想摺冇帽嘅包被，應該點做？

A：在放置寶寶至包被上時，只要讓寶寶的頭超出包被範圍即可，包被的摺法與下面所述的基本相同。

Step: 3
肩位對摺 整理平順

翻摺出包被帽子後，一隻手固定好
包被在頭肩位置的摺位，另一隻手
捉住翻摺部份的邊端位置，如下圖
紅圈所示，並將包被整理平順。

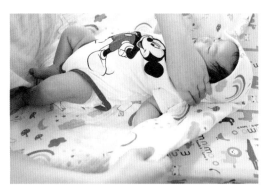

Step: 4 包裹寶寶身體

一隻手固定好頭肩處摺位，另一隻手將一側包被全部往內翻摺，以包住寶寶。

Step: 5 固定包被

將翻摺的包被一角，掖到寶寶的身體下面固定；以同樣做法翻摺另一側包被。

170

Step: 6 包好包被另一側

另一邊的包被可按照 Step 4 與 Step 5 相同的步驟摺疊，注意始終保持包被平順，最後將包被一角掖到寶寶身體下面固定。

Q： 包被要包幾緊？

A： 注意包被要與寶寶的身體服貼，在寶寶不亂動的情況下，包被可以圍得更緊密，但不可過緊。而腳掌位置要留有至少一隻手掌的位置，方便寶寶活動。

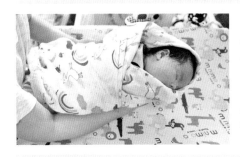

完成！

包被摺好喇！

注意

爸媽千萬不要使用繩子、扣針、掛鈎等工具固定包被，這容易對寶寶的身體造成損傷！

陪月過幾招

Q1：為甚麼要包被？

A： 對於初生寶寶來說，被包被圍住能模仿尚在媽媽肚中的感覺，除了能保暖，還能增加寶寶的安全感，安撫其情緒，幫助其更安穩地睡眠。待寶寶滿月後，包被或會阻礙其身體的生長發育。若寶寶覺得被束縛，感到不舒服，他們會蹬被或者哭鬧。

Q2：包被材質如何選擇？

A： 市面上，春夏季的包被主要由針織或斜紋面料製成，而夏天氣溫較高，爸媽可以選擇紗布、蠶絲等輕薄材質的包被；秋冬季的包被主要由純棉面料內充各種保溫棉品製成。但包被的表面宜使用純棉，其吸濕透氣，而且觸感綿柔，能保護寶寶嬌嫩的肌膚。

洗奶樽
準備3個刷

資料提供：莊得英 / 資深陪月員

　　奶樽是寶寶直接接觸的物件，因此必須確保清潔衛生，而洗奶樽便成了爸媽的重要任務。洗奶樽看似簡單，其實需要注意的地方很多，還需要準備 3 個刷，本文資深陪月員為大家示範講解。

準備
乾淨盆 2 個、嬰兒器皿專用清潔液、海綿奶樽刷 2 個（一大、一小）、尼龍刷毛奶樽刷 1 個

Step: 1 清潔洗手盆

每次洗奶樽前，需要先用洗潔精徹底清潔洗手盆，然後用清水沖掉泡沫。

Step: 2 清潔雙手

清潔完洗手盆後，需要洗淨雙手。

Step: 3 清潔瓶內壁

在奶樽中擠入適量的嬰兒器皿專用清潔液後，注入清水，並將大海綿奶樽刷伸入瓶內，反覆沿瓶身刷至瓶底後旋轉，如圖③箭頭所示。於瓶身扭蓋處凹凸不平的位置，用尼龍刷毛奶樽刷拭擦。

Q： 何時用海綿奶樽刷和尼龍刷毛奶樽刷？

A： 對於瓶身較直的奶樽，海綿奶樽刷可以觸碰到瓶內每個角落，清潔效果更佳；而尼龍刷毛奶樽刷難以均勻觸碰瓶內，故它適用於清潔凹凸不平的位置。

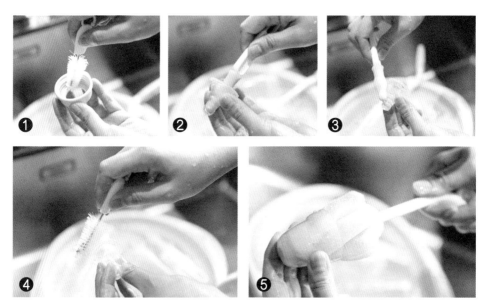

Step: 4　清潔奶樽配件

用尼龍刷毛刷清潔奶樽配件凹凸不平的位置，如圖1所示。將小海綿刷伸進奶嘴內部旋轉，再拭擦奶嘴表面，而奶嘴表面的凹凸位置則需用尼龍刷毛奶樽刷清潔，如圖②、③、④所示。將大海綿刷伸進瓶蓋旋轉拭擦，如圖⑤所示。

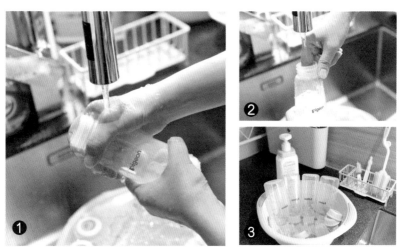

Step: 5　用清水洗淨

用清水並配合海綿刷及尼龍刷毛刷，沖洗奶樽及其配件的泡沫。家長可以用手指拭擦奶樽及其配件，若發出清晰的摩擦聲音則表示泡沫已經清洗乾淨。將清洗乾淨的奶樽配件放在另一個乾淨的盆中。

Step: 6
清洗奶樽刷

用清水洗淨奶樽刷,並將海綿刷的水扭乾,然後將它們放置在通風處自然風乾。

Step: 7 消毒

將奶樽及其配件的水瀝乾後,排列整齊地放入消毒櫃中(方便使用時快速組裝),然後開始消毒即可。

陪月過幾招

組裝奶樽時,可以用奶樽鉗子夾着奶嘴取出,然後用手取出瓶蓋並裝上即可,這樣可以避免觸碰奶嘴,保證衛生。

沖奶步驟
不容有失

資料提供：周采彥 / 資深陪月員

　　為寶寶沖奶聽起來是件非常簡單的事情，但其實需要注意的細節非常多！對於新手爸媽來説，沖奶是一件必須要認真學習的事情。例如用多少攝氏度的水、奶粉和水的比例、如何搖奶樽並讓奶粉溶於水中……本文資深陪月員教各位新手爸媽沖奶的步驟！

準備
奶粉、奶樽、暖水（圖為一壺熱水、一壺凍水，透過混合得暖水）

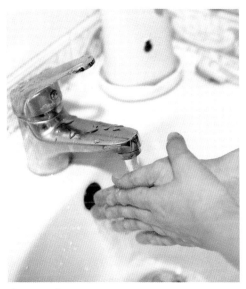

Step: 1
清潔雙手

由於寶寶十分嬌嫩，容易受到細菌病毒的侵襲，因此在沖奶之前，爸媽一定要記得清潔雙手！

Step: 2
取出消毒奶樽

在消毒奶煲中取出已消毒的奶樽。建議爸媽使用奶瓶夾，可以防止燙手以及讓病毒細菌黏附在奶樽上。

Step: 3
加入暖水

若是初生寶寶飲奶，便倒入 60 毫升的暖水，而且水溫要不低於攝氏 70 度；熱水和冷水混成暖水需要更加注意。

Step: 4
量準 1 平匙奶粉

初生寶寶的奶量約為 60 毫升左右的奶粉，一般在 1 平匙左右。不過每罐奶粉 1 平匙沖奶的份量可能會有差異，並會在奶罐上詳細標明，爸媽需要注意。舀起奶粉後，可在罐裏的錫片處將 1 平匙的奶粉掃平，避免份量過多。

Step: 5
加入奶粉

在奶瓶中緩慢加入奶粉。一般奶粉的份量與暖水的份量保持一致，例如用 60 毫升的暖水沖 1 平匙的奶粉。

寶寶應該飲幾多奶？

　　初生寶寶的胃很小，一般飲 45 至 60 毫升的奶。剛開始可以為他們沖 60 毫升，然後再慢慢增加。有些寶寶第 1 周已經可以飲到 90 毫升，滿月時便可飲到 150 毫升，而 1 歲寶寶奶量會添加到 180 至 240 毫升。當然，每個寶寶的成長、身體狀況不同，有時寶寶飲多了會嘔，因此爸媽需要根據實際情況調整奶量。

Step: 6
雙手搓奶樽

在奶樽中加入奶粉後蓋上奶樽蓋，將奶樽放置於雙手之間前後緩緩搓動，直到奶粉溶於暖水當中。

為甚麼不能上下搖奶樽？

　　有爸媽可能會覺得單手上下搖奶樽更方便，而且奶粉溶得更快。但原來上下搖容易讓空氣進入奶樽，奶中會產生氣泡，導致寶寶飲奶時會出現吞風的情況。

Step: 7
倒轉奶樽

搓至奶粉溶於暖水後，將奶樽倒轉約 100 至 120 度角，看奶樽內還有沒有凝固奶粉。無凝固奶粉即可，有便重複上一步驟直至無凝固奶粉。

Step: 8
試溫度

奶樽內無凝固奶粉後，打開瓶蓋並滴落 1 滴至手腕內側，若溫度適宜，便可以讓寶寶飲用。

陪月過幾招

Q1：買幾個奶樽？

　A： 買幾個奶樽視乎媽媽是否埋身餵母乳。若埋身餵，3 至 4 個奶樽即可滿足一天的需要。一般情況下，3 個小時餵 1 次，一天餵 8 次。若不餵哺母乳，便建議準備 6 至 8 個奶樽。

Q2：奶樽買幾大？

　A： 一般容量 120 毫升屬於小奶樽，240 毫升屬於大奶樽。建議買 1-2 個小奶樽，雖然其份量只能用於應付初生寶寶，但待寶寶日後奶量增大後亦可以用小奶樽喝水，因此主要還是以購買大奶樽為主。

奶樽餵奶
新手齊齊學

資料提供：周采彥 / 資深陪月員

　　飲奶作為寶寶的日常，是寶寶吸取營養必不可少的途徑。但原來餵奶看似簡單的一個動作，需要注意的細節卻有很多，那麼新手爸媽一齊來學習餵奶的技巧吧！

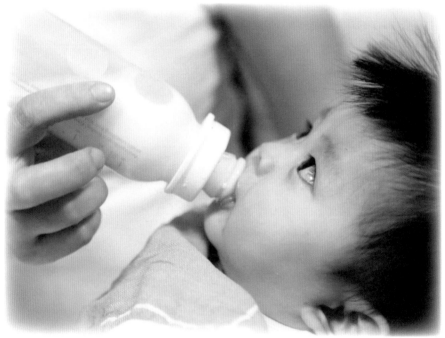

準備

每次餵奶之前，都需要洗乾淨雙手，並抹乾。

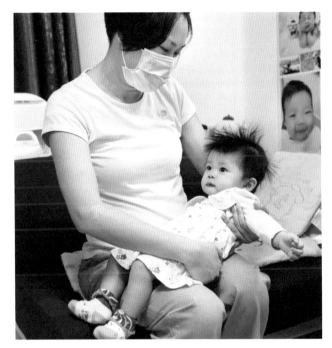

Step: 1

準備一張舒適、可以靠背的座椅，而且不要有輪子。

Step: 2

洗乾淨雙手，將沖好的奶放在座椅旁邊，並準備一塊乾淨紗巾。

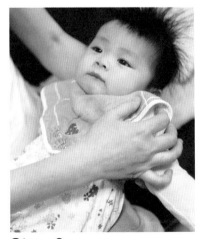

Step: 3

將寶寶抱起，放在大腿上，用手腕承托寶寶的頸部，然後在寶寶的心口和頸部之間圍上紗巾，一旦寶寶嘔奶可以用來抹嘴。

Step: 4

拿起奶樽，讓奶充滿奶嘴，
不要讓奶嘴內存有空氣。

為甚麼奶嘴內不能有空氣？

　　若奶嘴內有空氣，寶寶飲奶的同時會吸入風，便容易造成
吞風，導致寶寶產生胃脹，可能會有嘔吐情況出現，嚴重時甚
至會感到肚子不適，食量減少。爸媽注意餵奶時要全程望住寶
寶，留意寶寶有沒有嗆到或者吞風。

Step: 5

飲完半支奶後，爸媽
需停下來，用蓋子將
奶樽蓋上，然後為寶
寶掃風。掃風完成後，
可繼續餵剩餘的奶。
若寶寶有 3 至 4 秒時
間沒有飲奶，爸媽可
輕敲奶樽提醒寶寶。
喝完一支奶後再為寶
寶掃一次風，餵奶完
成。

如何為寶寶掃風？

　　掃風時，爸媽需
一隻手托住寶寶的頸
部，另一隻手輕拍其
背部，當聽到寶寶打
嗝，即表示掃風完成。

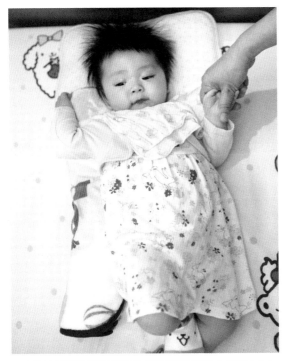

Step: 6

將寶寶側放在床上,並在其
身後墊一條毛巾或長條型枕
頭,從頸部一直到臀部,以
防止寶寶嘔奶時嗆倒,然後
再用紗巾墊住寶寶的臉。待
寶寶入睡 15 至 30 分鐘後,
拿開毛巾即可。

為甚麼要將寶寶側放?

　　飲完奶後,寶寶可能會出現嘔奶情況,而側放在床上可
以防止寶寶在嘔奶時會嗆倒。不要將寶寶平放於床上以避免
仰睡。

陪月過幾招

Q: 如何選奶嘴?

A: 若是餵哺母乳,當需要用奶樽飲水,建議選擇較大的奶
　　嘴,因為寶寶飲母乳時嘴張得較大,買大奶嘴可以盡量
　　還原飲母乳的感覺。但對於不是餵哺母乳的寶寶來説,
　　用大奶嘴會比較累,所以選擇小奶嘴即可。購入新奶樽
　　後,建議用熱水消毒 3 至 4 次,主要是為了讓奶嘴變軟,
　　方便寶寶吸吮。

有4種
母乳餵哺姿勢

撰文：Waiting Li　插圖：鄧本邦

　　母乳餵哺是生育後的媽媽均需要學習的技巧，旨在為寶寶提供最天然的乳汁，幫助寶寶健康成長。很多新手媽媽對於如何進行母乳餵哺想必還十分陌生，本文便教大家 4 種常用的母乳餵哺姿勢、母乳餵哺需要注意甚麼，以及有甚麼方法可以增加奶量呢？

懷抱寶寶時需要注意：
- 媽媽需承托寶寶的整個身體，寶寶緊貼媽媽。
- 寶寶的面部、胸部及膝蓋面向同一方向。
- 寶寶頭微仰，以鼻尖對着乳頭。

寶寶應如何含吮？

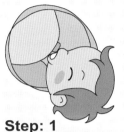

Step: 1
寶寶的下巴緊貼乳房。

Step: 2
寶寶張開嘴巴，並深深地含入乳房。正確含吮時，寶寶的下唇會外翻並覆蓋乳暈，下頰緊貼並凹進乳房，上唇上方的乳暈露出的面積會比下唇多。

Step: 3
寶寶在吸吮時的面頰飽滿，而媽媽在餵哺時，乳頭不會覺得疼痛。

注意：寶寶僅僅含住媽媽的乳頭是錯誤的含吮姿勢，是無法順利吮到奶水。

4 種母乳餵哺姿勢

❶ 欖球式餵哺

Step: 1
媽媽坐直靠在椅背上，身體微微前傾，腳下可放一張小凳墊腳。

Step: 2
媽媽用手托着寶寶的頭部與頸部，而寶寶背部靠着媽媽的手臂內側躺臥。媽媽可將寶寶的臀部屈曲，並用手肘夾住。寶寶的胸部對着媽媽的胸部。可墊上枕頭提升寶寶的位置，並減輕媽媽手臂的用力。

Step: 3
媽媽可用乳房另一邊的手以 C 形支撐乳房。

Step: 4
待寶寶張嘴時，將其頭部放在乳房上吸吮。

　　這個餵哺姿勢可以避免嬰兒觸碰剖腹產媽媽的傷口，並讓寶寶較容易控制母乳的流量。

❷ 後躺式餵哺

Step: 1
媽媽躺在床或梳化，頭部、背部及手肘用靠墊承托。

Step: 2
讓寶寶伏在媽媽的身上，注意寶寶的身體和媽媽的身體要互相緊貼，面部則靠近乳房。待寶寶想飲奶的時候，便會主動尋找乳房並吸吮。

採用這種餵哺方式，地心吸力會吸引寶寶保持固定的位置，依附媽媽的身體，並能依靠本能尋找乳房。如果媽媽的乳汁排出過急，地心吸力可有助減緩乳汁流出的速度。

❸ 側臥式餵哺

Step: 1
媽媽的頭部需要有適當的承托，可以墊上枕頭。此外，還可以在媽媽的背部、臀部即膝蓋之間墊上枕頭，可讓媽媽感到舒適。

Step: 2
將寶寶側放於胸前，寶寶的腹部對着媽媽的腹部。媽媽可用手固定寶寶背後位置，並將寶寶的臀部屈曲，注意寶寶的耳朵、肩膀及臀部需保持在一條直線上。

Step: 3
待寶寶張嘴時，將寶寶的頭放在乳房上，讓其含吮乳頭和乳暈。

Step: 4
待寶寶能正確含吮時，媽媽可將固定寶寶的手移離。為避免寶寶滾離，可在寶寶後面放入枕頭固定位置。

這種餵哺方法舒適，特別適合夜間餵哺，但媽媽如果產後狀態疲勞，採用這種餵哺方法時有可能睡着，從而有機會忽略寶寶的安全問題，故家人最好從旁陪伴照顧。

❹ 橫臥式餵哺

Step: 1
媽媽坐直靠在椅背上，身體微微向前傾，腳下可放一張凳子墊腳。

Step: 2
媽媽懷抱寶寶，讓其側身橫臥於自己的膝蓋上，然後使用枕頭提升寶寶的位置，並支撐媽媽的手肘至乳頭高度。寶寶的嘴巴與媽媽的乳頭成水平。

Step: 3
媽媽用乳房一側的手以 C 形支撐乳房。

Step: 4
媽媽另一隻手臂沿着寶寶的後背托住寶寶。寶寶的耳朵、頭部、肩膀、臀部應呈一條直線。

　　這種餵哺方法舒適，特別適合夜間餵哺，但媽媽如果產後狀態疲勞，採用這種餵哺方法時有可能睡着，從而有機會忽略寶寶的安全問題，故家人最好從旁陪伴照顧。

3 招增加奶水

1. 正確的母乳餵哺姿勢可以幫助奶量流通更順暢；
2. 哺乳期攝入適量的熱量及蛋白質、維他命、葉酸、鐵質、鈣質、鋅、碘、Omega-3、纖維素，並保持充足水份，可幫助促進乳汁分泌；
3. 兩邊乳房更替餵奶，並適時進行乳房按摩促進乳汁分泌。

掃清肚風
瞓一個好覺

資料提供：賴秀珍 / 資深陪月員

　　用奶樽餵完寶寶奶後，寶寶容易吞風從而引起不適，於是每次飲完奶，爸媽都需要為寶寶掃風。本文資深陪月員為各位新手爸媽講解掃風的手法，以及需要注意的地方。

❶ 一般掃風法

這是如今最多人使用、效果最好的掃風方法。

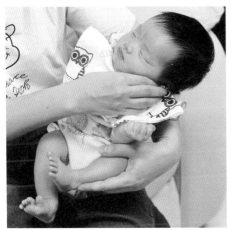

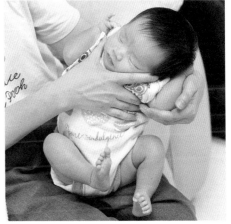

Step: 1　墊上紗巾

在寶寶的下巴處放置一塊紗巾,防止寶寶嘔奶,或者有奶漬流出來。

Step: 2　托穩下巴

讓寶寶坐直,然後用手托住寶寶下巴,並將寶寶微微向前傾。

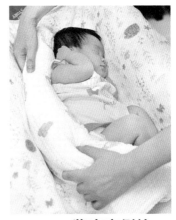

Step: 3　掃後背

於尿片以上的位置,由下輕輕往上掃寶寶的後背,直到寶寶嗝氣,便完成掃風。若掃風過程寶寶出現嗆倒、咳嗽或遲遲不打嗝的情況,可以配合拍打,即拱起手輕輕拍打寶寶後背。

Step: 4　將寶寶側放

以保安全,完成掃風後半小時宜抱着寶寶。半小時後無論寶寶是否有嗝氣,都可以將其放下床。注意需要將寶寶側放,並捲一條毛巾墊在其後背。注意毛巾必須放於頭背位置,固定頭是側向。

❷ 搖晃掃風法

陪月員並不常用這種方法，然而有醫院姑娘會教此方法，而前述方法更容易讓寶寶嗝氣，但爸媽仍可以按照需求選擇。

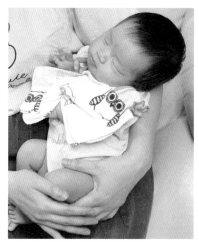

Step: 1　墊上紗巾
在寶寶的下巴處墊一塊紗巾。

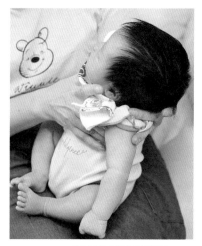

Step: 2　托穩寶寶頸部
爸媽需要同時托穩寶寶的下巴及後頸。

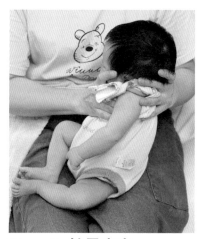

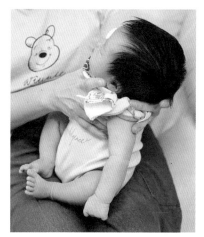

Step: 3　搖晃寶寶
打圈輕輕搖晃寶寶，注意速度要慢，由頭部帶動身體的搖晃。一般搖動過程中寶寶會入睡，但建議採用這種方法掃風的爸媽，仍需要抱寶寶半小時後再將其放下床。

陪月過幾招

Q1：寶寶睡着了可以為他們掃風嗎？

A：在清醒時掃風的效果最好，容易嗝氣，睡着後效果相對較差。若掃風 10 至 15 分鐘後寶寶仍未嗝氣，需要先抱半小時再放上床，並讓寶寶側睡防止嘔奶嗆倒。如果放下寶寶後，他們大哭，便需要馬上抱起來檢查原因，除了扭計以外，還有機會是因為掃風不徹底、殘留肚風引起了不適。

放置心口掃風

若是年紀較大的老人，或臂力不足夠托穩寶寶下巴的家長，可以將寶寶面向自己，挨在肩膀和心口，然後採用前述的掃後背手法。

Q2：甚麼情況下可以不必為寶寶掃風？

A：若埋身餵哺母乳，便一般不需要掃風。雖然有些奶樽標明毋須掃風，但安全起見，所有用奶樽餵哺的寶寶都應該掃風，因為奶樽均有機會引起寶寶吞風。

Q3：甚麼時候掃風？

A：需要視乎寶寶的飲奶情況而定。有些寶寶 15 分鐘便飲完一支奶，但飲得太快容易打嗝。這種情況，飲完一支奶便需要為其掃風。正常情況下，寶寶半小時完成一支奶，爸媽便在飲一半的時候為其掃風。而有些寶寶可能需要飲較長時間，可能持續 1 小時以上，這時爸媽應 15 分鐘為其掃一次風。若寶寶出現「嘆奶」情況，在飲奶的過程中入睡，便需要大約在 15 分鐘拿開寶寶奶樽為其掃風。

針筒vs匙羹

替初生B餵藥

資料提供：賴秀珍 / 資深陪月員

　　誰都不愛吃藥，初生寶寶如是。有的爸媽抱怨，每次給寶寶餵藥猶如打仗——動來動去，又哭又鬧，只能捏着寶寶的鼻子將藥水強行灌進去，仿佛虐兒現場。其實只需一個針筒，便能輕鬆解決餵藥問題。本文資深陪月員教大家用針筒餵藥，同時還附帶匙羹餵藥的方法！

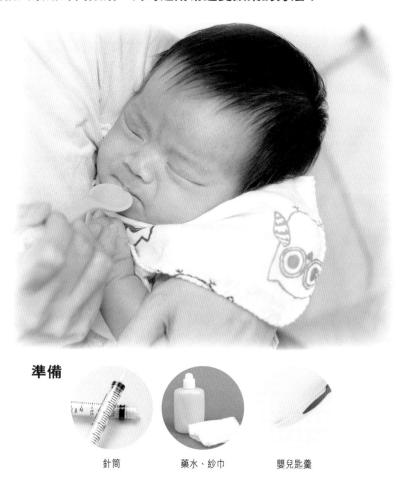

準備

針筒	藥水、紗巾	嬰兒匙羹

192

針筒餵藥

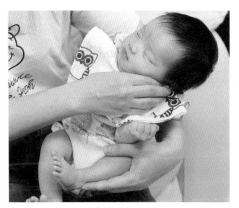

Step: 1　抱穩夾緊

餵藥前，將寶寶傾斜約 45 度抱起，並用手臂夾緊寶寶頭部，避免餵藥過程中頭部亂動，容易嗆倒。

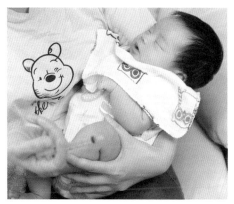

Step: 2　胸口擺紗巾

抱穩寶寶後，在其胸口放一塊乾淨紗巾，防止餵藥過程中寶寶出現嘔奶的情況。

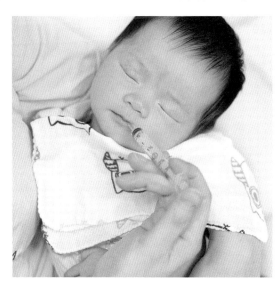

Step: 3
針筒從側邊餵藥

用針筒抽取適量藥水後，將針筒口從嘴角側邊位置放進寶寶口腔，然後快速按壓針筒，讓藥水流入口腔，再慢慢滲入喉嚨。

Q:　能不能用針筒從嘴中間直接餵藥？

A:　切勿用針筒從寶寶的正面，即嘴中間餵藥。因為快速按壓針筒時藥水流速快，從中間餵容易直入寶寶喉嚨，容易嗆倒。

匙羹餵藥

Step: 1　抱穩夾緊

將寶寶傾斜約 45 度抱起，並用手臂夾緊寶寶頭部。抱穩後，在寶寶胸口擺上一塊紗巾。

Step: 2　匙羹正面餵藥

若採用匙羹餵藥，首先將裝好藥水的匙羹從正面放入寶寶口腔，並用匙羹底部抵住寶寶的舌頭，再將藥水灌進寶寶口腔。

陪月過幾招

Q1：針筒餵藥與匙羹餵藥哪個好？

　A：現時大部份家長都會採用針筒餵藥，更方便安全。由於匙羹餵藥必須從寶寶的正面灌入，因此寶寶無法避免會被嗆倒。在條件允許的情況下，還是選擇針筒餵藥為宜。

Q2：針筒餵藥是否需要像匙羹餵藥一樣，將針筒壓住舌頭？

　A：不需要。針筒餵藥是從嘴角將藥水注入口腔，舌頭不會對此造成任何阻礙，只需讓進入口腔的藥水慢慢流到喉嚨即可。

Q3：寶寶睡着時可以餵藥嗎？

　A：若採用針筒餵藥，即使是寶寶睡着或者半睡半醒的狀態，亦可以餵藥，將藥水注入口腔後待其慢慢滲入。一般寶寶的處方藥多為液體，較少機會處方藥丸。

Q4：若寶寶反抗，可以捏住寶寶的鼻子強行灌藥嗎？

　A：餵初生寶寶飲藥水絕對不可以採用捏鼻子的方式，這會增加寶寶嗆到的風險。若餵藥時寶寶劇烈反抗，便需要先安撫寶寶，待其冷靜後才繼續餵藥。餵藥時寶寶可能會轉動頭部，家長需輕輕扶穩寶寶的頭部，固定妥當後方可餵藥。

Q5：針筒餵藥，每次應往寶寶嘴裏注入多少藥水？

　A：先在針筒中裝滿醫生指定每次所需的份量。如果份量少，便可以一下餵入寶寶口中；若份量較多，便需要一點點、慢慢地注入寶寶嘴內，避免一次注入太多，令寶寶嗆倒。

Inglesina 意大利

QUID²

小巧輕便 輕鬆出行
The compact & lightweight stroller

黑色　　　　　　藍灰　　　　　　紅色

≤22kg 適合初生至22kg
Suitable for birth up to 22kg

超小型及輕量
Ultra Compact & Super Light

容易打開及摺疊
Easy to open and fold up

摺疊後保持直立
Remains upright after folded

EUGENE baby 寶 · EUGENE baby.COM
Retailers in Hong Kong & Macau

www.Inglesina.it

BLW逐步來
要識急救法

資料提供：奇寶／資深陪月員

最近十分流行 BLW，讓寶寶自行選擇食物及進食，以訓練寶寶的探索及自理能力。不過家長不要以為讓寶寶自己吃東西就甚麼都不用做，其實要做不少事前準備，以及事先學好急救法應付緊急情況。本文資深陪月員為大家逐步講解。

BLW 知多啲

BLW（Baby-Led Weaning），即寶寶主導式離乳法，主張不餵食，由寶寶主導進食。照顧者亦不會把食物打成糊狀，而是將食物切成條狀，由寶寶自行選擇食物。過程中不需要任何餐具，由寶寶手持食物，自行決定份量及進食方式，讓寶寶依據自己的節奏進食。BLW 有助寶寶鍛煉手眼協調、培養自主，同時因為早接觸非糊狀食物，也可提早訓練咀嚼肌，寶寶語言能力會較佳，咬字更清晰。

事前準備

寶寶的手部肌肉尚未發育成熟，很容易便會掉下食物，也會弄髒衣服。所以家長最好幫寶寶穿上圍兜及托盤，減少事後的清潔工夫。

Step: 1　穿上圍裙
避免食物弄髒漂亮的衣服！

Step: 2　圍上托盤
先讓寶寶坐在 high-chair 上，再在桌面位置圍上托盤。

準備食物 5 大要素

1　方便寶寶抓拿
為方便寶寶拿起，食物不要切太大塊，跟手指大小差不多為佳。

2　注意食物硬度
太硬寶寶難以進食，太軟寶寶容易抓爛，類似牛油果的硬度為佳。

3　避免高風險食物
高風險的食物如提子、堅果類、較硬較大顆的食物，寶寶會有較大機會「鯁親」。

4　放涼一點才給寶寶
不同於大人的「趁熱食」，給寶寶 BLW 的食物要先放涼一點，避免燙傷寶寶。

5　營養均衡
盡量為寶寶準備不同類型的食物，例如蔬菜、水果等。像圖中便包括了蔬菜魚餅，以補充海產所含有的營養。

197

「鯁親」急救法

　　寶寶剛學習自行進食，而且是加固的食物，因此不論是節奏還是技巧上，也十分生疏，可能會發生「鯁親」的情況。為以防萬一，家長應先學會嬰兒急救才開始 BLW 。

1　查看有無異物

讓寶寶張大口，看看喉嚨有沒有異物，如看得到的話，便用尾指輕輕挖出。

2　拍背

如果看不到的話，便要開始拍背。把寶寶翻轉，一邊用手部虎口位扶着下巴位置，另一邊則拍背5下。如看見異物，便用尾指輕輕挖出。

3　壓胸法

如仍是看不到食物的話，便要用壓胸法。手指放在兩乳頭中間的假想線下，然後合併中指及無名指，平貼放在胸骨上定位，垂直進行按壓。同樣，如口部有可見阻塞物，用尾指輕輕挖出。如仍未看見異物，便重覆這步驟，直到異物出現為止。

陪月過幾招

Q1：寶寶有甚麼表現，便可以開始 BLW ？

A： 寶寶大約 6 個月時，開始坐得好，即是不用扶着任何東西也可以坐得穩的，頸部開始有力，也觀察到寶寶開始做到自己把食物放進嘴巴的動作的時候，便可以開始 BLW。不過當然，BLW 全程還是要有大人在旁邊，以防萬一。

Q2：是否不可「半 BLW」？

A： 沒錯，若一餐 BLW，一餐傳統餵食的話，寶寶很容易會混淆。因為 BLW 是從較大的食物，慢慢嘗試吃小的食物，而傳統餵食則是相反，且兩者的咀嚼及吞嚥方法也不同，所以若兩者混合進行，是有一定危險性。若家長想為寶寶轉換進食方法，需要連續進行 1 至 2 個月，中途不能採用其他方法，才能讓寶寶習慣新的方法。

Q3：BLW 時要補奶嗎？

A： BLW 的首 3 個月通常都需要補奶，因為寶寶很難坐定定吃完一餐 BLW，也可能吃一半便會不想吃。但為免讓寶寶混淆進食方法，寶寶吃不夠時便要補奶。家長不應勉強寶寶全餐都 BLW，不然壓力會很大！

Q4：我的寶寶性格太急又很喜歡吃東西，食得好急好易「鯁親」，應否繼續 BLW ？

A： 家長應分清楚「嗆親」和「鯁親」，前者只是吃得太急，或者舌頭不太靈活。如果寶寶因「嗆親」而咳嗽，家長應讓他們自行把異物咳出，因為這是寶寶的自我保護機制，亦是必經的過程。而後者則是食物卡在氣管。如果寶寶經常「鯁親」，建議不論是傳統餵食還是 BLW，都應先學會嬰兒急救法。

陪月過幾招

　　無論是傳統餵食或 BLW，你都一定會經歷寶寶把食物掉地下、用食物敷面、抓頭髮、絕食、食物不被欣賞等，這是寶寶必經階段。媽媽要接受一切由寶寶主導，寶寶邊玩邊吃，隨時玩隨時吃，隨時停，讓寶寶自主地探索食物，沒有最好，只有最適合你寶寶的。

0至4歲
最易被燙傷

資料提供：蘇頌良／兒科專科醫生

　　燙傷是常見的兒童家居意外，大部份受傷的原因，是孩子被熱騰騰的液體淋在皮膚上，因而被燙傷，只有小部份受傷原因是與火燄有關。當孩子受傷後，家長必須小心處理，別以為使用冰水敷傷處能將傷患減輕，反而會弄巧成拙。

男孩較常燙傷

　　兒科專科醫生蘇頌良表示，在 1990 年發表的一份報告中，燙傷是最常見是在家中發生。有報告顯示，燙傷的傷者中超過 90% 為 0 至 4 歲的幼兒，其中大部份是被灼熱的液體燙傷，尤其是熱水、熱茶、熱粥、熱湯及熱油等，當中只有 4% 傷者是被火燄燒傷。

　　大部份孩子的傷勢並不嚴重，受傷面積很小，只是涉及體表面積 (BSA) 小於 5%，大多數燙傷傷者是男孩，原因是男孩較喜歡對熱騰騰的液體進行探索，也喜歡把容器內的液體倒出來，因此而被燙傷。

處理燙傷 4 步驟

　　大多數被燙傷的孩子傷勢並不嚴重，受傷部位僅涉及皮膚的表層，所以不會留下嚴重的疤痕。

Step: 1
家長先將孩子受傷的部位浸在涼水（非冰鎮）中 15 至 20 分鐘。

Step: 2
用涼的毛巾或冷敷被燙傷的部位，藉以減輕傷處疼痛及腫脹。注意千萬別以冰敷。

Step: 3
家長在孩子的傷處塗上抗生素藥膏，例如桿菌肽、岩藻糖蛋白或蘆薈凝膠。

Step: 4
如有需要可以給孩子服用撲熱息痛或布洛芬，藉以減輕疼痛感覺。

千萬別刺穿水泡

　　倘若孩子的傷處出現水泡，家長千萬別刺穿它。若水泡一直沒有破裂，便讓它維持原狀。假如水泡自然地破裂，家長便要注意清潔傷口。

Step: 1

蘇醫生建議家長為孩子以少許肥皂液清潔傷口。除了使用肥皂液外，洗必泰也是一個好選擇。家長應該為孩子每天清潔傷口2次，避免傷口受細菌感染。

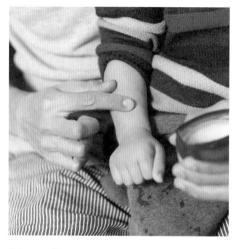

Step: 2

家長可以在傷口塗上花士令敷料，並用不黏繃帶或紗布覆蓋傷口。若是敷料黏貼在傷口上，便會很難更換。家長可以事先將紗布弄濕，避免它太過黏稠。

Step: 3

如果孩子感到疼痛的話，可以給他們服用撲熱息痛，並使用蘆薈凝膠來止癢，能夠給皮膚有清涼的感覺。

視乎穿透皮膚深淺來分類

　　燙傷通常按其穿透皮膚的深淺程度來進行分類，皮膚被灼傷得越深，形成疤痕及受感染的風險會越高。同樣，受影響的皮膚表面積的大小也會影響嚴重程度，受傷面積較大會導致較高的感染風險。最後，被燙傷的部位其功能受影響的程度也有不同，例如面容、腹股溝及四肢被燙傷，可能會對將來的功能產生巨大影響。

注意事項

注意 1：不要冰敷
千萬別使用冰水或冰敷傷處，因為會令傷患加劇。

注意 2：不要塗油
家長不要在孩子的傷處塗上油脂、牛油或油，這樣對於減緩傷處的疼痛沒有幫助。

注意 3：化學物品所傷要求診
倘若孩子燙傷並非熱損傷或與熱有關，而是與化學物品或電有關，家長則需要盡快帶孩子求診，由醫生為他們進行評估及治療。

注意 4：傷及四肢要求診
如果孩子的手、腳、面容、腹股溝被燙傷，家長應該盡快帶他們求診。

注意 5：有機會影響功能
燙傷的部位傷勢可能會加劇或會受感染，因而變得難以治癒，若是影響到手、腳或面容等重要部位，有機會影響到其功能，甚至可能會導致毀容。

注意 6：治癒時間不定
燒傷後康復時間長短不定，需要視乎被燙傷的程度及位置而定。

勿讓孩子入廚房
　　家長必須要小心注意家居安全，千萬別在室內隨處放置盛載了熱騰騰液體的容器，避免孩子將它打翻而發生意外。此外，家長應該禁止孩子進入廚房，當家長為孩子調校沐浴用的水時，應先以自己的手肘測試水溫，並以溫度計量度溫度，溫度適合才給孩子沐浴，以免他們燙傷。

慎防夾傷
嚴重會斷肢

資料提供：周栢明 / 兒科專科醫生

　　孩子給大門、摺枱夾傷的意外非常普遍。由於孩子的四肢幼小，加上他們貪玩又好奇，特別是男孩性格好動，很容易便會被夾傷。夾傷可以導致非常嚴重的後果，斷肢甚至死亡。因此，家長必須教導孩子，並要做足防禦措施。

男孩易生意外

　　孩子被門、櫃等夾傷的意外時有發生。兒科醫生周栢明表示，於 2017 年香港大學進行了一項統計，在 12 年內 0 至 12 歲兒童到醫院急症室求診的人數有 742,000 人，但這數字並沒有說明被夾傷而求診的兒童人數，當中可以包括許多原因而求診。

　　周醫生續說，最容易發生夾傷意外的年齡為 0 至 3 歲，根據一關注兒童夾傷組織的調查發現，被夾傷的兒童中，男孩佔 59%，女孩佔 41%，原因是男孩不知道危險，加上性格較為好動，他們看到能夠開關的家具時，便會模仿成人將它打開，在開開關關的過程中，便會發生意外，將他們的四肢夾傷。

嚴重可致骨折

　　大家別小覷給門夾傷的意外，以為只是皮外傷，並沒有甚麼大不了，事實上給門夾傷後果可以非常嚴重。周醫生表示，當孩子被夾傷後，傷勢輕微的話，可以只是皮外傷，嚴重的話，可致手指骨折，甚至截斷，再嚴重的話，如果夾着頸項，可導致窒息死亡。以往常有孩子被摺枱夾着頸項，導致窒息死亡的新聞，早前亦曾在外國發生同類事件，所以家長絕對需要正視，避免發生意外，追悔莫及。

夾傷後處理方法

　　當孩子被夾傷後，家長必須小心處理，避免受細菌感染，令傷勢加重。

Step: 1

當孩子被夾傷後，必定會因為感到痛楚而嚎啕大哭，這時家長應該先行安撫他們，讓孩子冷靜下來，再為他們處理傷口。

Step: 2

家長為孩子消毒傷口，避免受細菌感染。

Step: 3

若是孩子的傷口出現腫脹，家長可以用冰墊，或是用毛巾包着冰粒，為孩子冰敷傷口，這樣能夠消退腫脹。

傷勢嚴重必須求診

男孩特別好動貪玩，很喜歡不停開關抽屜，這樣便易生意外。

倘若孩子的傷勢嚴重，出現紫紫瘀瘀腫起來的情況，家長必須帶他們求診，讓醫生為其醫療。如果孩子的指甲給夾甩掉了，家長也需要帶他們求診處理。如果傷勢更嚴重，孩子的手指給夾斷了，家長應該立即拾起斷指，把斷指放入清潔的膠袋，再加入冰粒，然後帶同孩子馬上到急症室求診，希望能夠把斷指駁回。家長千萬別把斷指清洗，以為把它清洗乾淨更理想，這樣做絕對是錯誤，家長千萬別給斷指進行清潔。

防止意外措施

為了避免孩子被夾傷，家長必須注意安全，做足預防措施，才能減少意外發生。

灌輸安全意識

教導孩子是非常重要，家長必須要明確告訴孩子不可以隨便開關櫃門、不可以把手放在門縫間，亦不可以用摺枱及摺凳來玩耍。常常提醒孩子，才可以避免意外發生。

加上櫃門扣

孩子性格好奇、貪玩，最喜歡模仿成人，家長宜在抽屜、櫃子上貼上安全扣，把櫃門給扣着，令孩子不容易打開，便能減低他們被夾傷的機會。

加上門扣或防夾膠

孩子很喜歡把手放在門縫間，一不小心便會夾傷。家長可以在門上較高位置楔入扣子，這樣門子即使怎樣推拉也不會被關上，亦能減低夾傷手的風險。另外，可以在門縫貼上防夾膠，也能減少受傷的機會。

拖牢孩子

升降機也是常發生意外的地方，很多孩子會被電梯門夾傷手腳及頭部。因此，當乘搭升降機時，家長謹記拖牢孩子，避免他們一時貪玩而被夾傷。

注意敞門

現時七人車車門多為敞門，它的設計是無縫接合，沒有緩衝區的，當七人車停泊在斜路上便更加危險，孩子若被夾着四肢會更加痛楚，若車門夾着頸項隨時致命。

扶手電梯易夾腳

宣傳片經常提醒大家扶手電梯是會移動的機械，當孩子使用扶手電梯時，必須要有家長陪同，亦不可以把腳放得太貼電梯邊，否則鞋子很容易楔入電梯內而生意外。

注意商場玻璃門

商場的大門也是非常危險的，有時孩子會追隨成人進出玻璃門，一不小心便可能夾着他們的手腳。特別是旋轉門更易生意外，孩子看到會旋轉的門便覺有趣，於是便不停推動它，最終樂極生悲，不是跌倒便是夾傷。所以，家長千萬別看到商場寬敞便讓孩子四處跑，一不留神便會發生意外。

整爛食物
防幼童鯁喉

資料提供：李卓漢／兒科專科醫生

曾有一名 7 歲女生疑吃啫喱糖鯁喉，最終不治。7 歲兒童也這樣，那 4 歲或以下幼童的風險是否更高？如何預防幼童鯁喉？一旦幼童鯁喉，又該如何處理？本文兒科專科醫生為大家解答這些問題。

給幼童吃已被弄至形狀較不規則的食物，能預防他們鯁喉。

提防細硬滑圓食物

兒科專科醫生李卓漢表示，零至 4 歲幼童鯁喉的風險當然較 7 歲兒童高，因為吞嚥涉及喉嚨肌肉、氣管和周圍組織的協調，越年幼或越老，協調會越差，他們遭任何東西鯁塞的機率也會較大。他稱，以家居意外來說，小孩死亡率最高的包括鯁喉。為預防零至 4 歲幼童鯁喉，幼童在家中定要有監護人或家傭看顧。幼童進食時需特別留意，由於吞嚥關乎協調問題，而越細小、堅硬、滑潺潺的食物，越容易導致鯁喉，圓的食物亦然。還有，家中不要有細小的零件讓幼童容易拾獲。

令食物形狀不規則

　　對於如何令幼童安全地進食本身呈圓球狀、滑的食物，李醫生認為，惟有是弄碎那些食物，可以是剪碎、壓碎、攪碎等，總之是令到食物形狀較為不規則，並且不會太大件，那樣便會較容易吃。 注意「不是太大件」不代表本身食物十分細小亦可，十分細小的食物如花生、果仁也會容易導致鯁喉，食物要有一定的大小，可以容許幼童經過咀嚼才吞下的。

不建議榨汁給幼童

　　與其弄碎食物，會否榨汁更好呢？李醫生回應説，在榨汁的過程中往往會破壞食物的營養素，特別是維他命，而且，榨成汁後，食物中的纖維素也會減少，因此，可以的話，還是把食物尤其是水果逐塊給幼童吃會較好。

　　此外，幼童也需要學習咀嚼，如果全部食物榨汁，他們會連咀嚼的能力也沒有。咀嚼其實是一個訓練，能提升他們吞嚥和協調的能力，所以，咀嚼很重要，對説話亦有幫助，故定要讓幼童咀嚼，榨汁沒那麼好。

按嚴重性處理鯁喉

　　一旦幼童鯁喉，處理方法視乎嚴重性。若只是食物塞在口中，幼童還有知覺，並非窒息，可嘗試趴轉或打側幼童，接着以手指輕輕地把幼童口中食物撩出來，記着一定不可以挖喉嚨，這樣做有可能越挖越深。

幼童鯁喉急救 3 方法

　　若幼童有窒息，即面色變黑、不能呼吸、狀甚辛苦、流口水，那便要將喉嚨中的食物排出來。可參考以下 3 個方法：

方法 1 （適用於 1 歲以下、身形較小者。）

Step: 1
施救者以手掌承托幼童胸部。

Step: 2
施救者以手掌承托幼童胸部。

Step: 3
另一隻手大力並向上地拍落幼童背脊，拍 5 下，觀察幼童能否吐出食物來。

Step: 4
若情況沒改善，把幼童反轉，按壓胸口 5 下。若尚未吐出食物，便重複以上做法，至食物吐出來。

方法 2 （適用於 1 歲以上、身形較大、可讓施救者扶穩者。）

Step: 1

把幼童放在前面，幼童面向前、背貼施救者的身體。
施救者一手握拳，拇指朝向幼童，放在幼童肚臍對上、
胸骨以下的腹部位置。

Step: 2

另一隻手包住拳頭。

Step: 3

雙手往上向內擠壓幼童的肚，即推橫隔膜，推 5 下，
觀察幼童能否吐食物出來。

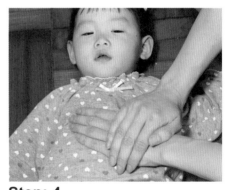

Step: 4

若情況沒改善，便需把幼童放到地上，按壓胸口 5 下。
若尚未吐出食物，便重複以上做法，至食物吐出來為止。

方法 3 （適用於1歲以上、但身形並非大至可讓施救者容易採用急救方法2者。）

Step: 1

把幼童面向下地放在施救者膝部。

Step: 2

腳頂着幼童腹部。

Step: 3

一手托着幼童下巴。

Step: 4

另一手拍落幼童背脊，拍5下，觀察幼童能否吐食物出來。
重複以上動作，直至幼童吐出食物為止。

易致幼童鯁喉的食物

類別	例子
難以溶化的果凍	小杯裝蒟蒻啫喱
細小的堅硬食物	硬糖、果仁
細小的球形食物	魚蛋、葡萄
難以咀嚼的食物	糯米糍、麻糬
可壓縮食物	棉花糖
厚稠糊狀的醬	花生醬

（資料來源：食物安全中心）

幼兒觸電
盡快斷電源

資料提供：張傑 / 兒科專科醫生

孩子對甚麼東西也感到好奇，看到感興趣的便會用手觸摸，因此在成人不留神的情況下，他們很容易便發生意外，其中孩子觸電便時有發生。當孩子觸電必須盡快切斷電源及召救護車送院治療，否則後果堪虞。

3 歲以下易觸電

兒科醫生張傑表示，根據其他國家的資料顯示，在家中出現的觸電意外，一般發生在 3 歲或以下的孩子身上，原因是這年齡組別的孩子，他們活動能力很強，而且對周遭事物充滿好奇心，但是他們缺乏警覺性，很容易便發生意外。

至於在戶外發生的觸電意外，就沒有特別某年齡組別較常出現，因為是意外，任何年齡人士也有機會遇上，很難界定哪一年齡人士較常發生。

可至死亡

孩子觸電，主要是由於他們意外地觸及一些電器通電的部份，又或是他們直接接觸電掣的插頭。孩子的手指細小，很容易便能接觸到一些原來已被封閉的部份，因此而釀成意外，造成觸電。

孩子觸電後可以導致非常嚴重的後果，由於電流會影響心臟的跳動，可以引致心臟停頓而死亡。如果情況較輕的話，孩子接觸電源的部位或是四肢會出現燒傷的情況。

急救 5 部曲

當孩子觸電後，家長應該立即施以救援，避免情況惡化。張醫生為大家提供 5 個急救的步驟，遇上同類情況便能正確處理。

孩子觸電後，家長應該馬上切斷電源。

將孩子移送至安全的地方。

家長需要檢查孩子的維生指數，例如心跳、呼吸等。

為孩子檢查可能出現的相關情況，例如會否因為觸電跌倒，而令頭部受傷。

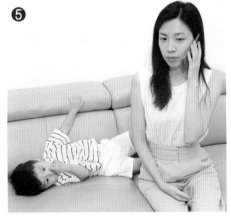

家長需要馬上將孩子送院作詳細檢查或急救。

慎防發生意外

防患未然永遠都是正確的，只要家長做足安全措施，便能減低孩子發生觸電的意外，避免他們受傷，甚至死亡。

1 是否出現導電位

家長首先檢查家中的電器，是否出現一些孩子能夠觸及的導電部位。

2 覆蓋插頭

家長可以購買些能夠覆蓋插頭的安全用品，藉以減低孩子接觸的機會。

3 予以教導

家長應從小教導孩子不可以接觸危險的地方，灌輸他們安全的意識。

4 看管孩子

家長應該時刻看管孩子，特別是年幼無知的稚子更要格外小心，將危險物品妥善收藏，避免發生意外。

灌輸安全知識

　　避免孩子發生意外，最有效及直接的方法，就是教導他們正確的安全知識，這樣才能減少意外發生。

直接指引

令孩子易於明白，最有效的方法，是家長直接告訴給孩子知道不可以接觸危險的位置，以及會帶來甚麼後果。

嚴厲禁止

如果孩子依然貪玩接觸電源，家長除了需要即時阻止外，更要予以正視，嚴加禁止他們再接觸，以達阻嚇的作用。

態度一致

為了保護孩子，免生意外，家人的態度必須一致，當孩子想接觸電源時，其他家人也必須以嚴肅的態度來處理。這樣孩子才會尊重父母的教導，同時也不會再對這類危險物品感到興趣。

不可貿然施救

- 施救者也要了解自己有沒有觸電的危險，不可以貿然接觸觸電的孩子；
- 家長為了減低自己觸電的機會，施救前應先戴上膠手套及穿上膠靴；
- 用木棒或不導電物品來移開電源。

誤飲清潔劑
嚴重會失知覺

資料提供：周栢明 / 兒科專科醫生

　　家居意外時有發生，其中最常見是小朋友誤飲清潔劑。如果小朋友只是飲了少量，問題不會太大；若飲用太多，便會導致嚴重情況，他們有可能會失去知覺、停止呼吸。家長應該將清潔劑妥善收藏，減少小朋友接觸的機會。

可致失去知覺

　　兒科醫生周栢明表示，於香港也曾發生小朋友誤飲清潔劑的意外，但問題並不嚴重。雖然如此，家長也不可以輕視小朋友誤飲清潔劑的問題。如果小朋友只是飲一小口清潔劑，問題當然不大，但若他們誤飲量大，就可以導致嚴重後果。

　　當小朋友誤飲清潔劑後，他們可能會出現嘔吐，被清潔劑傷及口部，情況嚴重的話，甚至會失去知覺。倘若漂白水與其他阿摩尼亞混合，問題會更嚴重，會產生具刺激性的氯氣，會刺激眼睛及喉嚨，導致咳嗽、氣喘、聲音沙啞及頭痛。

遇事要冷靜

當小朋友誤飲了清潔劑時，家長必須立即為小朋友急救，避免令情況惡化，影響他們的健康，應依照以下步驟進行急救：

Step: 1

當小朋友誤飲清潔劑後，家長必然會非常擔心，但當下也要保持冷靜，否則只會令問題更嚴重。

Step: 2

家長需要了解清楚究竟小朋友飲了甚麼。

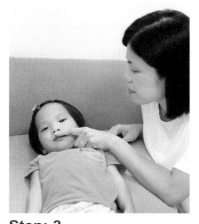

Step: 3

家長要觀察小朋友的情況，看看他們是否仍有呼吸，因為情況嚴重的小朋友，可能會失去知覺、口部受傷，這時家長需要立即為小朋友進行急救。

Step: 4

同時間，家長亦應致電報警，召救護車將小朋友送院治理。

誤飲漂白水處理方法

誤飲漂白水的處理方法與飲用清潔劑的處理方法不同，所以，家長必須先了解清楚小朋友誤飲了甚麼，才能作出 3 個適當處理的步驟。

Step: 1
家長先保持冷靜，不要緊張。

Step: 2
給清水予小朋友漱口，着他們把漱口水吐出來。

Step: 3
漱口清潔後，家長給小朋友飲用凍滾水，藉以稀釋胃部的漂白水，減低漂白水的刺激性。

2 大急救須知

為誤飲清潔劑或漂白水的小朋友進行急救時，家長有些地方需要注意的，避免令問題更嚴重，例如以下兩大須知：

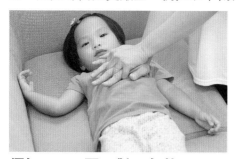 

須知 1：不要口對口急救
由於小朋友誤飲了有毒的漂白水或清潔劑，如果用口對口方式急救，家長口部也會沾上有毒液體，甚至將之吞下，危害健康，所以，千萬別用口對口方式急救。

須知 2：不要仰臥
小朋友誤飲有毒液體時，家長千萬別讓他們採用仰臥方式，應該讓他們採用側臥的方式。原因是仰臥會將嘔吐物倒流入喉嚨，有機會造成鯁塞，導致窒息，而側臥可以讓嘔吐物流出來，避免窒息。

何謂飲用大量漂白水？

周栢明醫生説，家用漂白水濃度低於 10%，溶量為 50 毫升，若小朋友飲了這個份量便屬於飲用量少、一般而言情況不會太嚴重。而工業用漂白水濃度大過 10%，飲用量大過 100 毫升，便屬於過量。

收藏妥當

由於疫情關係，相信現時家家戶戶都購買了許多清潔劑，為了減少發生意外，小朋友誤飲清潔劑，家長必須將它們妥善收藏，減少小朋友接觸的機會。

1. 放在高位

可以的話，家長盡量把清潔劑、漂白水等有毒液體放在較高位置，不要放在小朋友可接觸的地方，減少小朋友接觸的機會，自然能避免意外發生。

2. 用安全鎖

如果放在小朋友可接觸的櫃內，家長應該在櫃門上加上安全鎖，令小朋友不容易開啟，他們就不容易拿取清潔劑或漂白水飲用。

3. 不購買果香味

現時許多清潔劑的氣味芳香宜人，加上顏色鮮艷，很容易令小朋友誤以為是果汁，而將它飲下。家長盡可能購買些氣味不要太香的清潔劑，避免令小朋友誤會而飲用。

4. 粒裝更高危

粒裝的清潔劑更高危，原因是它們為濃縮了的清潔劑，其濃度更高，若小朋友誤食便會更加危險，所以家長必須將之收藏妥善。

5. 扭緊樽蓋

雖然現時設計了兒童安全樽蓋，增加了小朋友扭開樽蓋的難度，但家長也不可以要疏忽，以為這樣就非常安全。當使用完清潔劑後，必須把樽蓋扭緊。

慎防猝死

BB瞓覺有5不

資料提供：周栢明 / 兒科專科醫生

　　每年秋冬季，本港都會發生若干宗寶寶猝死的新聞，多是因為寶寶與父母同床，不小心被父母壓着，或是被被子蓋頭焗死。懷胎十月能夠誕下健康的寶寶並不是易事，家長為寶寶保暖時必須要小心，避免發生意外，危及寶寶性命。

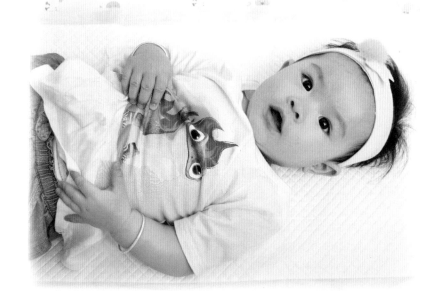

嬰兒猝死症

　　兒科專科醫生周栢明表示，「嬰兒猝死症」是指嬰兒在睡眠時突然死亡，即使透徹地檢查也未能找出死因。嬰兒猝死症常發生於嬰兒出生後首6個月內，尤其是在嬰兒2至3個月大時最常見。此症是與睡眠相關的主要嬰兒死因。仰睡可讓嬰兒得到最佳保護，能預防嬰兒猝死症。

正確睡眠環境

周栢明醫生指出，很多家長誤以為給寶寶的嬰兒床掛滿公仔或床圍便能增加他們的安全感，其實，這樣反而對他們的生命構成危險。他認為，嬰兒床越簡單便越好，能減低發生意外。

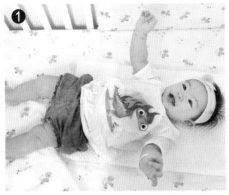

讓寶寶採用仰睡的姿態。

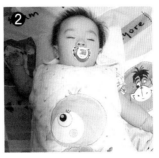

即使是冬季，家長也不要蓋太多及太厚的被子，而是給寶寶穿着厚一點的冬天睡衣，亦可以選擇嬰兒睡袋來代替被子，否則一張薄被子已經可以。

如果是使用被子的話，應該把被子蓋至寶寶腋下位置，把雙手外露放在被子上。然後把被子楔好，避免寶寶把被子蓋在頭上。

睡覺時不用戴帽，避免寶寶不小心把帽子拉扯下來蓋在面上而導致窒息。

特別注意事項

- 避免讓寶寶在柔軟的梳化上睡覺，宜讓他們睡在堅硬的床；
- 宜給寶寶餵哺母乳，可以減少他們出現猝死的機會；
- 不宜在室內環境，特別是在嬰兒房吸煙，會影響他們呼吸；
- 不宜讓寶寶在嬰兒椅上睡覺，這樣會阻礙其呼吸；
- 嬰兒房的溫度不宜太熱及太凍，應保持在 20C 至 22C。

BB 瞓覺 5 不

1. 不：不宜俯臥

不應讓寶寶採用俯臥方式睡覺，特別是 1 歲以下的寶寶，由於他們的肌肉發展未成熟，尚未有足夠能力抬頭，當他們口鼻受阻塞而影響呼吸時，便會因不能即時轉頭而導致窒息。

2. 不：不與成人同床

不論氣溫如何，家長也不宜與寶寶同床睡眠，避免身體壓着寶寶，導致他們窒息。

3. 不：不用枕頭

家長不用給年幼的寶寶使用枕頭，避免他們把枕頭蓋在自己的面上。

4. 不：不蓋太多被

即使是冬季，也不要蓋太多被，被子也不應蓋過肩膊。

5. 不：不宜放公仔

家長不宜把公仔放近寶寶頭部，亦不宜放太多。同時，不宜放床圍，公仔及床圍均有機會局着寶寶的面，引起意外。

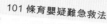

急救有法

　　當家長發現寶寶面色轉藍、呼吸困難、神智迷糊，並曾經出現抽筋，便要把握黃金時間，黃金時間只有短短的數分鐘，家長必須保持冷靜，盡快施以救援。

Step: 1

倘若寶寶沒有回應，但有呼吸，可讓他們仰臥在床上，保持復蘇姿勢。

Step: 2

把寶寶抱起，讓他們側身躺臥面向着家長，頭部稍為向上傾斜，這樣能夠避免他們被嘔吐物哽喉，而導致窒息。

Step: 3

家長應立即致電報警，讓救護人員能盡快前來協助，同時在旁觀察寶寶的情況直到救護員到達。

測試體溫

　　家長若想知道寶寶是否已穿着足夠衣服，可以用手撫摸他們的額頭，但寶寶的雙手及雙腳的溫度會較低，憑觸摸四肢不可以確定寶寶是否已經夠暖。家長可以觸摸他們的後頸有沒有冒汗，如果冒汗，則代表寶寶感到熱。